LA GESTIÓN DE PROYECTOS DE CONSTRUCCIÓN

Autor. Daniel Lurueña González

Copyright © 2017 Daniel Lurueña González
All rights reserved.
ISBN-13: 978-1979719025
ISBN-10: 1979719020
Madrid 2.017

DEDICATORIA:

A mi hijo Daniel, que cambiaste el paradigma de mi vida. El cambio no solamente es necesario en la vida, es la vida en sí misma. Nada es permanente a excepción del cambio.

ÍNDICE

1. INTRODUCCIÓN A LA GESTIÓN DE PROYECTOS 3

    ¿Qué es un Proyecto? 3

    ¿Qué es la dirección de Proyectos? 7

    ¿Ciclo de vida de un Proyecto? 9

2. LA GESTIÓN Y PLANIFICACIÓN DE PROYECTOS 15

3. ESTRUCTURACIÓN EN PAQUETES DE TRABAJO 19

    Crear EDT y paquetes de trabajo 19

    Técnica de descomposición 21

    Línea base del Proyecto y Diccionario de la EDT 22

4. GESTIÓN DEL TIEMPO 25

    ¿Qué es la gestión del tiempo? 25

    ¿Qué es y quien realiza la dirección de Proyectos? 28

    Cualidades de un gestor de Proyectos 29

Procesos en la Gestión del Tiempo 31

5. ORDENACIÓN SECUENCIAL DE LAS ACTIVIDADES 35

Definición de Actividades 35

Atributos de Actividades 36

Lista de Hitos 36

Método de diagramación por precedencia (PDM) 37

Método de diagramación por flechas (PERT) 39

Determinación de Precedencias 41

Aplicación de Adelantos y Atrasos 43

Estimación de Recursos 43

Estimación de la duración de las Actividades 44

6. DESARROLLO DEL CRONOGRAMA 53

Introducción 53

Análisis de red del cronograma. 54

Método del camino crítico. 54

Método de la cadena crítica. 56

Calendario del Proyecto. 58

Cronograma del Proyecto. 59

7. PLANIFICACIÓN DE RECURSOS Y CRONOGRAMA 65

Características de los Recursos 65

Relación entre actividades. Ligaduras. 66

8. GESTIÓN DE COSTES DE UN PROYECTO 79

Introducción 79

Planificación de costes 80

Estimación de costes 83

9. GESTIÓN DE RIESGOS DE UN PROYECTO 103

   Introducción 103

   La identificación de Riesgos 105

   Análisis de Riesgos 107

   Planificación de respuesta al Riesgo 114

   Supervisión y control de Riesgos................................ 116

10. SEGUIMIENTO Y CONTROL DE PROYECTOS........................ 119

    Introducción 119

    Líneas base de Proyecto... 120

    La importancia del seguimiento de Proyectos.......... 121

    Documentos necesarios para el seguimiento 122

    Control de Proyectos. Plazo. 124

Control de Proyectos. Coste. 125

Control de Proyectos. Riesgo. 127

Método del valor ganado. 128

11. GESTIÓN DE CAMBIOS EN UN PROYECTO 141

Introducción 141

Gestión de cambios en el alcance 143

Planificación del alcance 145

Procesos de gestión de cambios 147

Control y seguimiento de cambios 148

Acciones en el cambio 149

Monitoreo de los cambios 149

12. HABILIDADES DEL DIRECTOR DE PROYECTOS 153

    Funciones del director de proyectos. 153

    Habilidades del director de proyectos. 157

    Distintos roles y habilidades. 159

    ¿Qué hace que un director de proyectos sea eficiente? 162

    Los hábitos de un director de proyectos. 163

13. EL CIERRE DEL PROYECTO 171

    Introducción. 171

    Fases de cierre del proyecto. 174

    Actividades de cierre del proyecto. 178

14. LAS LECCIONES APRENDIDAS DEL PROYECTO 183

    Introducción. 183

    Claves en las lecciones aprendidas del proyecto. 185

"Todo empieza como nada"

Ben Weissenstein.

"Cualquier cosa que la mente pueda concebir o crear se puede lograr"

Napoleon Hill.

"Mi solución para desatar la creatividad es siempre establecer un objetivo"

Akio Morita.

1. INTRODUCCIÓN A LA GESTIÓN DE PROYECTOS

¿Qué es un Proyecto?

Un proyecto es un esfuerzo temporal que se lleva a cabo para crear un producto, servicio o resultado único. La naturaleza temporal de los proyectos implica que un proyecto tiene un principio y un final definidos. El final se alcanza cuando se logran los objetivos del proyecto.

Un proyecto de construcción se define mediante sus objetivos específicos, es decir su alcance, y las restricciones de coste y plazo correspondientes.

Los procesos de gestión y planificación desempeñan un papel fundamental en las empresas, ya que tienen un fuerte impacto en el rendimiento de la producción de las obras.

El principal factor que define la actual coyuntura general del sector de la construcción e ingeniería española es el escenario generalizado de crisis en el que está teniendo que operar y ello supone experimentar una fuerte contracción de la demanda tanto pública como privada, un incremento de la competencia, unas notables dificultades para el acceso a la financiación, que conduce también a una evolución del mercado hacia el concepto del "proyecto integral" y del "llave en mano", así como al progresivo crecimiento del cliente privado o público-privado con el surgimiento de nuevos modelos de negocio (procesos concesionales, gestión integral del proceso inversor, etc).

A nivel nacional, no cabe ninguna duda de que el mercado se encuentra en pleno ciclo de contracción como consecuencia de la las diferentes fases de la crisis (crisis financiera internacional, "burbuja inmobiliaria" española, crisis de la deuda soberana, etc) y tanto el sector público como el privado han reducido notablemente su demanda de ingeniería, en un caso por el escenario de presupuestos públicos en reducción y en el otro por las evidentes dificultades para el acceso al crédito para cualquier proyecto o iniciativa.

Así, la construcción e ingeniería civil se está contrayendo a pasos agigantados, provocando un incremento de la competencia con la consiguiente dificultad para la consecución de contratos.

De hecho, las empresas de ingeniería civil están utilizando las carteras de pedidos que tenían pero el actual ritmo de licitaciones no permitirá dar continuidad a esa cartera.

En el ámbito industrial, el mercado nacional está disminuyendo también de manera notable en términos de grandes proyectos, pues únicamente se están llevando a cabo ciertas iniciativas en el ámbito energético. Además, la crisis coincide con el final de una época de fuerte inversión privada relacionada con actividades de ingeniería industrial en España y con el creciente fenómeno de deslocalización de las principales industrias.

En el caso de las obras relacionadas con el medioambiental, las demandas procedentes del sector privado prácticamente han desaparecido desde el comienzo de la crisis, mientras que la demanda procedente de las Administraciones Públicas no están pudiendo compensar dicha disminución debido a los presupuestos cada vez menores que manejan.

En cuanto al ámbito de la edificación, no cabe duda de que es uno de los sectores más claramente afectados dentro del actual escenario de crisis en España, fruto de la conjunción de la crisis financiera internacional con la "burbuja inmobiliaria" interna. En concreto, el mercado residencial es casi nulo, las licitaciones son escasas. Todo ello está facilitando un incremento del escenario de **"guerra de precios"**.

Por todo ello, las constructoras e ingenierías españolas se están enfrentando a la que sin duda es la crisis más profunda de su historia. Sin duda influye la profundidad de la crisis económica pero también que el sector se encuentra actualmente con una dimensión mucho mayor a la alcanzada en el pasado como consecuencia del período de fuerte expansión experimentado años atrás.

Todo este proceso y situación provoca necesariamente un conocimiento más profundo de la gestión, planificación y control de nuestros proyectos para que resulten exitosos.

¿Qué es la dirección de Proyectos?

Es la aplicación de conocimientos, habilidades, herramientas y técnicas a las actividades del proyecto para cumplir con los requisitos del mismo.

Podemos dividirlo en los siguientes procesos:

- **Inicio.**

- **Planificación.**

- **Ejecución.**

- **Monitoreo y Control.**

- **Cierre.**

Dirigir un proyecto por lo general incluye, entre otros aspectos:

- Identificar requisitos.

- Abordar las diversas necesidades, inquietudes y expectativas de los interesados en la planificación y la ejecución del proyecto.

- Establecer, mantener y realizar comunicaciones activas, eficaces y de naturaleza colaborativa entre los interesados.

- Gestionar a los interesados para cumplir los requisitos del proyecto y generar los entregables del mismo.

- Equilibrar las restricciones contrapuestas del proyecto que incluyen, entre otras:

  - **El alcance,**

  - **La calidad,**

  - **El cronograma,**

  - **El presupuesto,**

  - **Los recursos y**

  - **Los riesgos.**

¿Ciclo de vida de un Proyecto?

El ciclo de vida de un proyecto es la serie de fases por las que atraviesa un proyecto desde su inicio hasta su cierre.

Las fases son generalmente secuenciales y sus nombres y números se determinan en función de las necesidades de gestión y control de la organización que participan en el proyecto, la naturaleza propia del proyecto y su área de aplicación.

Las fases se pueden dividir por objetivos funcionales o parciales, resultados o entregables intermedios, hitos específicos dentro del alcance global del trabajo o disponibilidad financiera.

Las fases son generalmente acotadas en el tiempo, con un inicio y un final o punto de control.

Estructura genérica de ciclo de vida:

- **Inicio del proyecto,**

- **Organización y preparación,**

- **Ejecución del trabajo y**

- **Cierre del proyecto.**

La estructura genérica del ciclo de vida presenta por lo general las siguientes características:

• Los niveles de coste y dotación de personal son bajos al inicio del proyecto, alcanzan su punto máximo según se desarrolla el trabajo y caen rápidamente cuando el proyecto se acerca al cierre.

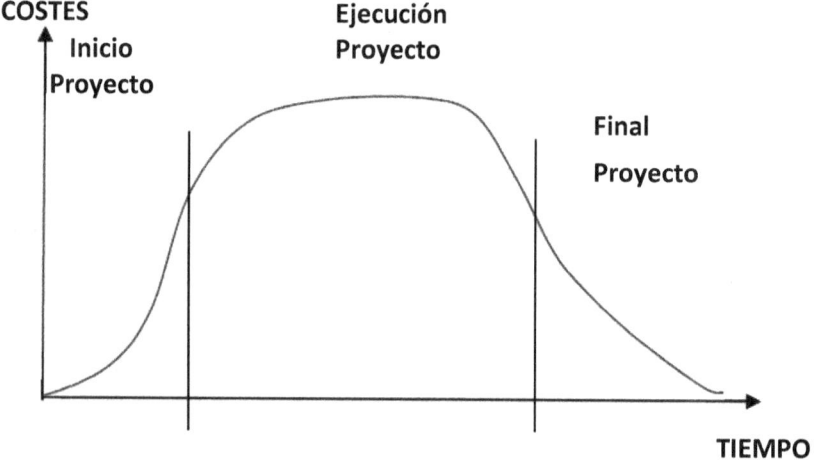

• La curva típica de coste y dotación de personal, puede no ser aplicable a todos los proyectos.

Un proyecto puede por ejemplo requerir gastos importantes para asegurar los recursos necesarios al inicio de su ciclo de vida o contar con su dotación de personal completa desde un punto muy temprano en su ciclo de vida.

- Los riesgos y la incertidumbre son mayores en el inicio del proyecto.

- Estos factores disminuyen durante la vida del proyecto, a medida que se van adoptando decisiones y aceptando los entregables.

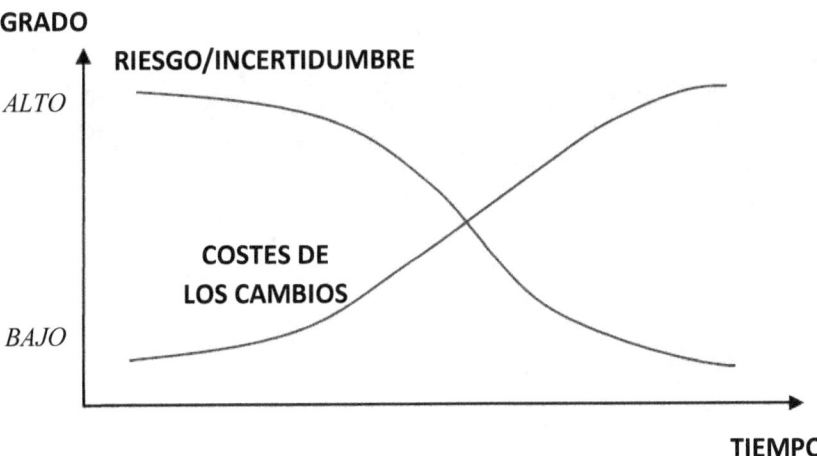

- La capacidad de influir en las características finales del producto del proyecto, sin afectar significativamente el coste, es más alta al inicio del proyecto y va disminuyendo a medida que el proyecto avanza hacia su conclusión.

"La planificación a largo plazo no se ocupa de las decisiones futuras sino del futuro con las decisiones actuales"

Peter Drucker.

"Lo más importante es tener siempre un plan. Si no es el mejor plan, eso es al menos es mejor que no tener ningún plan"

Sir John Monash.

2. LA GESTIÓN Y PLANIFICACIÓN DE PROYECTOS

La gestión de proyectos se refiere a la organización temporal y de equipos, a la atribución de responsabilidades y tareas, la consecución de objetivos y presupuesto a lo largo del despliegue de un proyecto.

La planificación se refiere a los procesos de identificación de objetivos, y la elección de medios y acciones para llegar a alcanzarlos. Realizar una buena planificación estratégica y usar metodologías específicas de gestión de proyectos es fundamental para poder evaluar y sostener proyectos y organizaciones complejas.

Todo proyecto conlleva la realización de una serie de actividades para su desarrollo.

La distribución en el tiempo de dichas actividades y la consideración de los recursos necesarios son las funciones a desarrollar en la planificación de proyectos.

El objetivo de la planificación de proyectos es obtener una distribución de las actividades en el tiempo y una utilización de los recursos que minimice el coste del proyecto cumpliendo con los condicionantes exigidos de: plazo de ejecución, tecnología a utilizar, recursos disponibles, nivel máximo de ocupación de dichos recursos, etc.

Por tanto la planificación de proyectos es una programación de actividades y una gestión de recursos para obtener un objetivo de coste cumpliendo con los condicionantes exigidos por nuestro cliente.

"Nada es especialmente difícil si lo dividimos en tareas pequeñas"

Henry Ford.

3. ESTRUCTURACIÓN EN PAQUETES DE TRABAJO

Crear EDT y paquetes de trabajo

Crear una estructura de desglose del trabajo (EDT) es el proceso de subdividir los entregables del proyecto y el trabajo del proyecto en componentes más pequeños y más fáciles de manejar.

Es una descomposición jerárquica del alcance total del trabajo a realizar por el equipo del proyecto para cumplir con los objetivos del proyecto y crear los entregables requeridos.

La EDT organiza y define el alcance total del proyecto y representa el trabajo especificado en el enunciado del alcance del proyecto aprobado y vigente.

El trabajo planificado está contenido en el nivel más bajo de los componentes de la EDT, denominados paquetes de trabajo.

Un paquete de trabajo se puede utilizar para agrupar las actividades donde el trabajo es:

programado y estimado,

seguido

y controlado.

Técnica de descomposición

La descomposición es una técnica utilizada para dividir y subdividir el alcance del proyecto y los entregables del proyecto en partes más pequeñas y manejables.

El paquete de trabajo es el trabajo definido en el nivel más bajo de la EDT para el cual se puede estimar y gestionar el coste y la duración.

El nivel de detalle para los paquetes de trabajo varía en función del tamaño y la complejidad del proyecto.

La descomposición de la totalidad del trabajo del proyecto en paquetes de trabajo generalmente implica las siguientes actividades:

- Identificar y analizar los entregables y el trabajo relacionado.

- Estructurar y organizar la EDT.

- Descomponer los niveles superiores de la EDT en componentes detallados de nivel inferior.

- Desarrollar y asignar códigos de identificación a los componentes de la EDT.

- Verificar que el grado de descomposición de los entregables sea el adecuado.

Línea base del Proyecto y Diccionario de la EDT

La línea base del alcance es la versión aprobada de un enunciado del alcance, estructura de desglose del trabajo (EDT) y su diccionario de la EDT asociado, que sólo se puede modificar a través de procedimientos formales de control de cambios y que se utiliza como base de comparación.

El diccionario de la EDT es un documento que proporciona información detallada sobre los entregables, actividades y programación de cada uno de los componentes.

La información del diccionario de la EDT puede incluir, entre otros:

o El identificador del código de cuenta, la descripción del trabajo,

o Los supuestos y restricciones, la organización responsable,

o Los hitos del cronograma, las actividades asociadas del cronograma,

o Los recursos necesarios, las estimaciones de costes,

o Los requisitos de calidad, los criterios de aceptación,

o Las referencias técnicas, y la información sobre acuerdos.

"El tiempo es a la vez el más valioso y el más perecedero de nuestros recursos"

John Randolph.

"Si el tiempo es lo más valioso, la pérdida de tiempo es el mayor de los derroches"

Benjamin Franklin.

4. GESTIÓN DEL TIEMPO

¿Qué es la gestión del tiempo?

La Gestión del Tiempo del Proyecto incluye los procesos necesarios para lograr la conclusión del proyecto a tiempo.

La naturaleza especial de los proyectos como actividades complejas y discontinuas lleva aparejada la necesidad de establecer sistemas especiales y adaptados para poderlos gestionar y dirigir adecuadamente.

Las funciones de dirección del proyecto son básicamente las mismas que competen a los directivos del resto de las actividades: planificación, organización, toma de decisiones, dirección del equipo humano, control de resultados.

El objetivo fundamental de la Gestión del tiempo del Proyecto es concluir el proyecto a tiempo, logrando:

el **alcance** del proyecto, en **tiempo**, **costes** y **calidad** requerida por el cliente, sin rebasar los **riesgos** inherentes del proyecto.

Para poder llevar esto acabo debemos realizar entre otras las siguientes acciones:

- Definir claramente el objetivo del proyecto
- Determinar que tareas se requieren para llevarlo a cabo
- Determinar el calendario de trabajo
- Fijar las duraciones de las distintas actividades, así como hitos importantes
- Planificar la realización de las tareas
- Asignar recursos a dichas tareas
- Estudiar las relaciones entre tareas y resolver conflictos entre recursos
- Establecer los costes de las tareas

- Seguir la obra en curso y compararla con el plan Base

- Seguir los costes y compararlos con el presupuesto

- Prever, analizar y llevar acabo las acciones correctoras debidas

- Dotarnos de la estructura adecuada al proyecto y al equipo (EDT)

- Hacer partícipe al equipo en la programación y en la resolución de los problemas

- Buena calidad de los informes sobre el estado y el avance del proyecto

¿Qué es y quien realiza la dirección de Proyectos?

La Dirección de Proyectos es el conjunto de técnicas, métodos y aptitudes que permiten la obtención de los objetivos del proyecto.

Para conseguir los resultados propuestos, el "Director del proyecto" debe definir los objetivos, organizar los recursos, efectuar su planificación, establecer presupuestos y controlar resultados obtenidos respecto a los objetivos propuestos.

El director de proyectos, es un gestor con plena responsabilidad sobre la planificación, dirección y control de los recursos de la organización aplicados al proyecto.

Cualidades de un gestor de Proyectos

Dominio de las tecnologías implicadas en el proyecto.

Orientación de la calidad del proyecto hacia la satisfacción del cliente.

Capacidad de síntesis y análisis. Debe tener habilidad para establecer planes, programas y prioridades, con una visión general bastante amplia.

Capacidad de toma de decisiones en el control del proyecto.

Habilidad en la utilización eficaz de los recursos.

Aptitud para crear un equipo de proyectos fuerte y unido: seleccionar el personal idóneo, determinar las funciones adecuadas, darles recursos y motivarlos.

Capacidad en la comunicación: el director del proyecto debe ser un buen negociador en el trato con el cliente, subcontratistas, suministradores, etc.

Delegar responsabilidad, seleccionando los miembros del equipo más adecuados para darles autoridad y recursos.

Destreza para captar lo esencial del proyecto, y aunque éste sea complejo, transformarlo en simple, para transmitirlo a su equipo con descripciones sencillas.

Estabilidad, flexibilidad y adaptabilidad. Estabilidad para mantener la perspectiva y dirección durante un cambio rápido, flexibilidad para satisfacer demandas en conflicto y adaptabilidad a las nuevas tecnologías, entorno social, circunstancias económicas, etc.

Buena salud para soportar la presión extrema y la carga de trabajo constante.

Procesos en la Gestión del Tiempo

Definición de las Actividades: identifica las actividades específicas del cronograma que deben ser realizadas para producir los diferentes productos entregables del proyecto.

Establecimiento de la Secuencia de las Actividades: identifica y documenta las dependencias entre las actividades del cronograma.

Estimación de Recursos de las Actividades: estima el tipo y las cantidades de recursos necesarios para realizar cada actividad del cronograma.

Estimación de la Duración de las Actividades: estima la cantidad de períodos laborables que serán necesarios para completar cada actividad del cronograma.

Desarrollo del Cronograma: analiza las secuencias de las actividades, la duración de las actividades, los requisitos de recursos y las restricciones del cronograma para crear el cronograma del proyecto.

Control del Cronograma: controla los cambios del cronograma del proyecto.

"Estudia el pasado si quieres pronosticar el futuro"

Confucio.

"La mejor forma de predecir el futuro es inventarlo"

Alan Kay.

5. ORDENACIÓN SECUENCIAL DE LAS ACTIVIDADES

Definición de Actividades

Definir las actividades del cronograma implica identificar y documentar el trabajo que se planifica realizar.

El proceso Definición de las Actividades identificará los productos entregables al nivel más bajo de la estructura de desglose del trabajo (EDT), que se denomina paquete de trabajo.

Los paquetes de trabajo del proyecto están planificados (descompuestos) en componentes más pequeños denominados actividades del cronograma, para proporcionar una base con el fin de estimar, establecer el cronograma, ejecutar, y supervisar y controlar el trabajo del proyecto.

Atributos de Actividades

Estos atributos de la actividad son una extensión de los atributos de la actividad incluidos en la lista de actividades e identifican los múltiples atributos relacionados con cada actividad del cronograma.

Los atributos de la actividad del cronograma incluyen el identificador de la actividad, los códigos de la actividad, la descripción de la actividad, las actividades predecesoras, las actividades sucesoras, las relaciones lógicas, los adelantos y los retrasos, los requisitos de recursos, las fechas impuestas, las restricciones y las asunciones.

Lista de Hitos

La lista de hitos del cronograma identifica todos los hitos e indica si el hito es obligatorio (exigido por el contrato) u opcional (sobre la base de los requisitos del proyecto o la información histórica), y los hitos se utilizan en el modelo de cronograma.

Método de diagramación por precedencia (PDM)

El Método de Diagramación por Precedencia (PDM) es un método para crear un diagrama de red del cronograma del proyecto que utiliza casillas o rectángulos, denominados nodos, para representar actividades, que se conectan con flechas que muestran las dependencias.

La Figura a continuación muestra un diagrama de red simple del cronograma del proyecto dibujado utilizando el PDM. Esta técnica también se denomina actividad en el nodo, y es el método utilizado por la mayoría de los paquetes de software de gestión de proyectos.

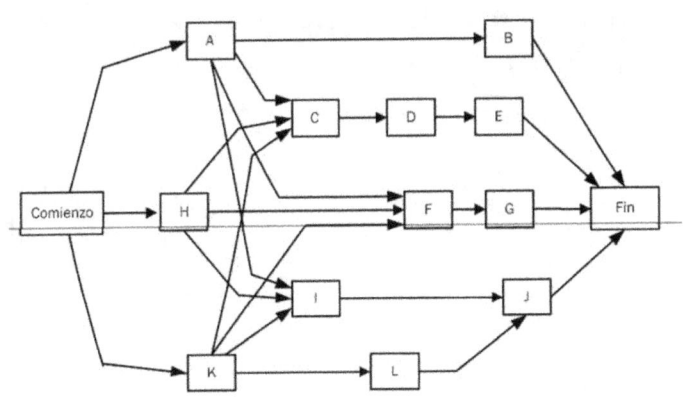

El PDM incluye cuatro tipos de dependencias o relaciones de precedencia:

- Final a Inicio. El inicio de la actividad sucesora depende de la finalización de la actividad predecesora.

- Final a Final. La finalización de la actividad sucesora depende de la finalización de la actividad predecesora.

- Inicio a Inicio. El inicio de la actividad sucesora depende del inicio de la actividad predecesora.

- Inicio a Fin. La finalización de la actividad sucesora depende del inicio de la actividad predecesora.

En el PDM, final a inicio es el tipo de relación de precedencia más comúnmente usado. Las relaciones inicio a fin raramente se utilizan.

Método de diagramación por flechas (PERT)

Es un método para crear un diagrama de red del cronograma del proyecto que utiliza flechas para representar las actividades, que se conectan en nodos para mostrar sus dependencias.

Esta técnica también se denomina actividad en la flecha (AOA) y, aunque menos común que el PDM, todavía se utiliza para enseñar teoría de la red del cronograma y en algunas áreas de aplicación.

Sólo utiliza dependencias final a inicio y puede requerir el uso de relaciones "ficticias", denominadas actividades ficticias, que se representan como una línea de puntos, para definir correctamente todas las relaciones lógicas.

Como las actividades ficticias no son actividades del cronograma reales (no tienen contenido de trabajo), se les asigna un valor de duración cero a los fines del análisis de la red del cronograma.

La Figura a continuación muestra un diagrama de red simple del cronograma del proyecto dibujado utilizando PERT:

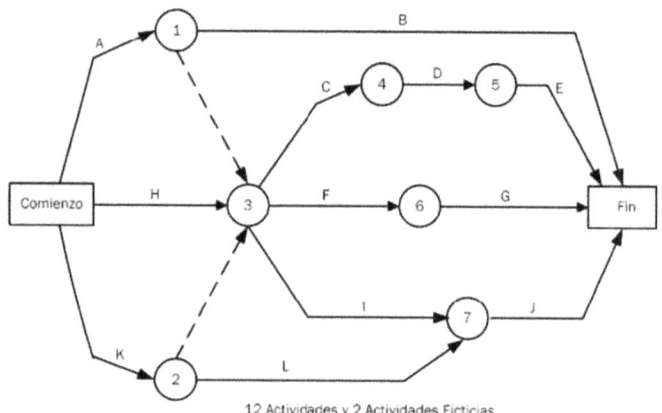

12 Actividades y 2 Actividades Ficticias

Determinación de Precedencias

Se utilizan tres tipos de dependencias para definir la secuencia entre las actividades:

1.Dependencias obligatorias. El equipo de dirección del proyecto determina qué dependencias son obligatorias durante el proceso de establecimiento de la secuencia de las actividades.

Las dependencias obligatorias son aquellas inherentes a la naturaleza del trabajo que se está realizando. Las dependencias obligatorias generalmente implican limitaciones físicas, como en un proyecto de construcción, donde es imposible erigir la superestructura hasta que no se construyan los cimientos. A veces, las dependencias obligatorias también se denominan lógica dura.

2.Dependencias discrecionales. El equipo de dirección del proyecto determina qué dependencias son discrecionales durante el proceso de establecimiento de la secuencia de las actividades.

Las dependencias discrecionales se encuentran totalmente documentadas, ya que pueden producir valores arbitrarios de holgura total y pueden limitar opciones posteriores de programación.

A veces, las dependencias discrecionales se denominan lógica preferida, lógica preferencial o lógica blanda.

Las dependencias discrecionales generalmente se establecen sobre la base del conocimiento de las mejores prácticas dentro de un área de aplicación determinada

3.Dependencias externas. El equipo de dirección del proyecto identifica las dependencias externas durante el proceso de establecimiento de la secuencia de las actividades.

Las dependencias externas son las que implican una relación entre las actividades del proyecto y las actividades que no pertenecen al proyecto.

Por ejemplo, puede ser necesario realizar informes de aprobación de evaluación ambiental antes de comenzar con la preparación del emplazamiento en un proyecto de construcción.

Aplicación de Adelantos y Atrasos

El equipo de dirección del proyecto determina las dependencias que pueden requerir un adelanto o un retraso para definir con exactitud la relación lógica.

El uso de adelantos y retrasos, y sus asunciones relacionadas están documentados.

Un adelanto permite la aceleración de la actividad sucesora.

Un retraso causa una demora en la actividad sucesora.

Estimación de Recursos

Para estimar una actividad del cronograma con un grado razonable de confianza, el trabajo que aparece dentro de la actividad del cronograma se descompone con más detalle.

Se estiman las necesidades de recursos de cada una de las partes inferiores y más detalladas del trabajo, y estas estimaciones se suman luego en una cantidad total para cada uno de los recursos de la actividad del cronograma.

Las actividades del cronograma pueden o no tener dependencias entre sí que pueden afectar a la aplicación y al uso de los recursos. Si existen dependencias, este patrón de uso de recursos se refleja en los requisitos estimados de la actividad del cronograma y se documenta.

Estimación de la duración de las Actividades

El proceso de estimar las duraciones de las actividades del cronograma utiliza información sobre el alcance del trabajo de la actividad del cronograma, los tipos de recursos necesarios, las cantidades de recursos estimadas y los calendarios de recursos con su disponibilidad.

Las entradas para las estimaciones de la duración de las actividades del cronograma surgen de la persona o grupo del equipo del proyecto que esté más familiarizado con la naturaleza del contenido del trabajo de la actividad del cronograma específica.

La estimación de la duración se desarrolla de forma gradual, y el proceso evalúa la calidad y disponibilidad de los datos de entrada.

Por ejemplo, a medida que se desarrollan la ingeniería del proyecto y el trabajo de diseño, se dispone de datos más detallados y precisos, y la exactitud de las estimaciones de la duración mejora. De esta manera, puede suponerse que la estimación de la duración será cada vez más exacta y de mejor calidad.

El proceso Estimación de la Duración de las Actividades requiere que se estime la cantidad de esfuerzo de trabajo necesario para completar la actividad del cronograma, que se estime la cantidad prevista de recursos a ser aplicados para completar la actividad del cronograma y que se determine la cantidad de períodos laborables necesarios para completar la actividad del cronograma.

Estimar la cantidad de períodos laborables necesarios para completar una actividad del cronograma puede requerir la consideración del tiempo transcurrido como requisito relacionado con un tipo de trabajo específico.

La mayor parte del software de gestión de proyectos para la elaboración de cronogramas tratará esta situación mediante un calendario del proyecto y calendarios de recursos de períodos laborables alternativos que, por lo general, se identifican por los recursos que requieren períodos laborables específicos.

Las actividades del cronograma se realizarán de acuerdo con el calendario del proyecto, y las actividades del cronograma a las cuales se asignan los recursos también se realizarán según los calendarios de recursos correspondientes.

Estimación por Analogía

La estimación de la duración por analogía significa utilizar la duración real de una actividad del cronograma anterior y similar como base para la estimación de la duración de una actividad del cronograma futura.

Frecuentemente, se usa para estimar la duración del proyecto cuando hay una cantidad limitada de información detallada sobre el proyecto, por ejemplo, en las fases tempranas.

La estimación por analogía utiliza la información histórica.

Estimación Paramétrica

La estimación de la base para las duraciones de las actividades puede determinarse cuantitativamente multiplicando la cantidad de trabajo a realizar por el ratio de productividad.

Para determinar la duración de la actividad en períodos laborables, las cantidades totales de recursos se multiplican por las horas de trabajo por período laborable o la capacidad de producción por período laborable, y se dividen por la cantidad de recursos que se aplican.

Ejemplo de cálculo de Duración de la actividad:

Desbroce a realizar de 10.000 m2

Ratio productividad de un equipo: 2.000m2/día

Duración : 10.000/2.000= 5 días de trabajo

Estimaciones por Tres Valores (Tiempo PERT)

La precisión de la estimación de la duración de la actividad puede mejorarse teniendo en cuenta la cantidad de riesgo de la estimación original.

Las estimaciones por tres valores se basan en determinar tres tipos de estimaciones:

• Más probable (m). La duración de la actividad del cronograma, teniendo en cuenta los recursos que probablemente serán asignados, su productividad, las expectativas realistas de disponibilidad para la actividad del cronograma, las dependencias de otros participantes y las interrupciones.

- Optimista(Op). La duración de la actividad se basa en el mejor escenario posible de lo que se describe en la estimación más probable.

- Pesimista (p). La duración de la actividad se basa en el peor escenario posible de lo que se describe en la estimación más probable.

Se puede elaborar una estimación de la duración de la actividad utilizando un promedio de las tres duraciones estimadas.

Este promedio con frecuencia suministra una estimación de la duración de la actividad más precisa que la estimación de valor único, más probable.

El tiempo PERT se define como : **$(Top+4Tm+Tp)/6$**

Análisis de Reserva

Los equipos del proyecto pueden decidir agregar tiempo adicional, denominado reservas para contingencias, reservas de tiempo o colchón, al cronograma del proyecto, en reconocimiento al riesgo del cronograma.

La reserva para contingencias puede ser un porcentaje de la duración estimada de la actividad, una cantidad fija de períodos laborables, o puede desarrollarse mediante el análisis cuantitativo de riesgos del cronograma.

La reserva para contingencias puede utilizarse de forma total o parcial, o reducirse o eliminarse con posterioridad, a medida que se dispone de información más precisa sobre el proyecto.

"Toma tus decisiones en función de dónde quieres llegar, no en base a donde te encuentras"

James Arthur Ray.

"Un buen plan imperfecto ejecutado hoy es mejor que un plan perfecto ejecutado mañana"

General Patton.

6. DESARROLLO DEL CRONOGRAMA

Introducción

El desarrollo del cronograma del proyecto, un proceso iterativo, determina las fechas de inicio y finalización planificadas para las actividades del proyecto.

El desarrollo del cronograma exige que se revisen y se corrijan las estimaciones de duración y las estimaciones de los recursos para crear un cronograma del proyecto aprobado que pueda servir como línea base (baseline) con respecto a la cual poder medir el avance.

El desarrollo del cronograma continúa a lo largo del proyecto, a medida que el trabajo avanza, el plan de gestión del proyecto cambia, y los eventos de riesgo anticipados ocurren o desaparecen al tiempo que se identifican nuevos riesgos.

Análisis de red del cronograma.

El análisis de la red del cronograma es una técnica que genera el cronograma del proyecto.

Emplea un modelo de cronograma y diversas técnicas analíticas, como por ejemplo el método del camino crítico, el método de cadena crítica, el análisis "¿Qué pasa si...?" y la nivelación de recursos, para calcular las fechas de inicio y finalización tempranas y tardías, y las fechas de inicio y finalización planificadas para las partes no completadas de las actividades del cronograma del proyecto.

Método del camino crítico.

El método del camino crítico es una técnica de análisis de la red del cronograma.

El método del camino crítico calcula las fechas de inicio y finalización tempranas y tardías teóricas para todas las actividades del cronograma, sin considerar las limitaciones de recursos, realizando un análisis de recorrido hacia adelante y un análisis de recorrido hacia atrás a través de los caminos de red del cronograma del proyecto.

Las fechas de inicio y finalización tempranas y tardías resultantes no son necesariamente el cronograma del proyecto; en cambio, indican los períodos dentro de los cuales debería programarse la actividad del cronograma, dadas las duraciones de las actividades, las relaciones lógicas, los adelantos, los retrasos y otras restricciones conocidas.

Las fechas de inicio y finalización tempranas y tardías calculadas pueden o no ser las mismas en cualquier camino de red, dado que la holgura total, que muestra la flexibilidad del cronograma, puede ser positiva, negativa o cero.

En cualquier camino de red, la flexibilidad del cronograma se mide por la diferencia positiva entre las fechas tempranas y tardías, y se denomina "holgura total".

Los caminos críticos tienen una holgura total igual a cero o negativa, y las actividades del cronograma en un camino crítico se denominan "actividades críticas".

Pueden ser necesarios ajustes en las duraciones de las actividades, las relaciones lógicas, los adelantos y los retrasos, u otras restricciones del cronograma para producir caminos de red con una holgura total igual a cero o positiva.

Una vez que la holgura total para un camino de red es igual a cero o positiva, también puede determinarse la holgura libre, que es la cantidad de tiempo que una actividad del cronograma puede ser demorada sin demorar la fecha de inicio temprana de cualquier actividad sucesora inmediata dentro del camino de red.

Método de la cadena crítica.

La cadena crítica es otra técnica de análisis de la red del cronograma que modifica el cronograma del proyecto para contemplar los recursos limitados. La cadena crítica combina los enfoques determinístico y probabilístico.

Inicialmente, el diagrama de red del cronograma del proyecto se construye usando estimaciones no conservadoras para las duraciones de las actividades dentro del modelo de cronograma, con las dependencias necesarias y restricciones definidas como entradas. Luego se calcula el camino crítico. Después de identificar el camino crítico, se introduce la disponibilidad de recursos y se determina el cronograma limitado por los recursos resultante.

El cronograma resultante, en general, tiene un camino crítico alterado.

El método de cadena crítica agrega colchones de duración que son actividades del cronograma no laborables, para mantener el enfoque en las duraciones de las actividades planificadas.

Una vez que se determinan las actividades colchón del cronograma, las actividades planificadas se programan para las fechas de inicio y finalización planificadas más tardías posibles.

En consecuencia, en lugar de gestionar la holgura total de los caminos de red, el método de cadena crítica se centra en gestionar las duraciones de las actividades colchón y los recursos aplicados a actividades del cronograma planificadas.

Calendario del Proyecto.

Los calendarios del proyecto y los calendarios de recursos se identifican los períodos en que se autoriza el trabajo. Los calendarios del proyecto afectan a todas las actividades.

Por ejemplo, quizás no sea posible trabajar en el emplazamiento durante ciertos períodos del año, debido a las condiciones climáticas.

Los calendarios de recursos afectan a un recurso específico o una categoría de recursos.

Los calendarios de recursos reflejan cómo algunos recursos trabajan sólo durante las horas de trabajo normales, mientras que otros trabajan tres turnos completos, o un miembro del equipo del proyecto puede no estar disponible, por estar de vacaciones o en un programa de formación, o un contrato de trabajo puede limitar a ciertos trabajadores a trabajar durante determinados días de la semana.

Cronograma del Proyecto.

El cronograma del proyecto incluye, por lo menos, una fecha de inicio planificada y una fecha de finalización planificada para cada actividad del cronograma.

Si la planificación de recursos se realiza en una etapa temprana, el cronograma del proyecto permanecerá con carácter de preliminar hasta que las asignaciones de recursos hayan sido confirmadas, y se establezcan las fechas de inicio y de finalización planificadas.

Un cronograma objetivo del proyecto también puede desarrollarse con fechas de inicio objetivo y fechas de finalización objetivo definidas para cada actividad del cronograma.

El cronograma del proyecto puede presentarse en forma de resumen, a veces denominado cronograma maestro o cronograma de hitos, o presentarse en detalle.

A pesar de que un cronograma del proyecto puede presentarse en forma de tabla, se presenta más a menudo en forma gráfica, usando uno o más de los siguientes formatos:

• **Diagramas de red**:

Estos diagramas, con información de la fecha de la actividad, generalmente muestran tanto la lógica de la red del proyecto como las actividades del cronograma del camino crítico del proyecto.

Estos diagramas pueden presentarse en el formato de diagrama de actividad en el nodo, o en el formato de diagrama de red del cronograma según escala de tiempo, que a veces se denomina diagrama de barras lógico.

- **Diagramas de barras o diagramas de Gantt:**

Estos diagramas, en los que unas barras representan las actividades, muestran las fechas de inicio y finalización de las actividades, así como las duraciones esperadas.

Los diagramas de barras son relativamente fáciles de leer y se usan frecuentemente en presentaciones de dirección.

Para la comunicación de control y de dirección, se usa una actividad resumen más amplia y completa, entre hitos o a través de múltiples paquetes de trabajo interdependientes, y se representa en informes de diagramas de barras.

- **Diagramas de hitos:**

Estos diagramas son similares a los diagramas de barras, pero sólo identifican el inicio o la finalización programada de los productos entregables más importantes y las interfaces externas clave.

- **Diagramas de espacios-tiempo (DET):**

Es una representación gráfica de un programa en relación a los ejes de Tiempo y Espacio, donde la localización puede ser una distancia, número, nivel, etc.

Es una herramienta muy eficaz en la planificación en obras lineales. No solo tiene importancia cuando se hacen las cosas, el dónde influye muchísimo en la planificación. La productividad es dependiente de la variable espacio además del tiempo.

La pendiente que adquieren las representación de las actividades o tareas en el diagrama indica la velocidad o ritmo de producción de éstas. Además de ubicar cada actividad conocemos la dirección del progreso y su tasa de progreso.

"Una máquina puede hacer el trabajo de cincuenta hombres normales. Ninguna máquina puede hacer el trabajo de un hombre extraordinario"

Elbert Hubbard.

"La mejor forma de predecir el futuro es creándolo"

Peter Drucker.

7. PLANIFICACIÓN DE RECURSOS Y CRONOGRAMA

Características de los Recursos

Los recursos son los distintos medios materiales necesarios para la ejecución de la actividad, susceptibles de ser medidos en unidades físicas y, por tanto, de estar sometidos a limitaciones y a un coste:

Las características de este tipo pueden poseer carácter cualitativo (modalidad o forma de ejecutar la actividad) y cuantitativo (nivel o cantidad del recurso requerido).

Normalmente existe una relación entre estas características y las temporales (la duración suele ser función del nivel de recursos utilizados).

Relación entre actividades. Ligaduras.

Existen relaciones entre unas actividades y otras, lo que podríamos considerar como una característica o propiedad más de las actividades, pero que, dada su trascendencia para la planificación y el control, las trataremos más adecuadamente en forma monográfica en lo que sigue.

La ejecución de las actividades no puede realizarse, en general, en un orden y de una forma cualquiera, sino que debe satisfacer a un conjunto de restricciones o condicionantes, que denominaremos "ligaduras".

Estas "ligaduras" formalizan las exigencias impuestas por:

La tecnología (una actividad no puede comenzarse hasta que otras hayan terminado o llegado a un cierto grado de realización).

La mano de obra (la plantilla de cierta especialidad está limitada por lo que no puede realizarse simultáneamente muchas actividades que precisen de dicha especialidad).

El equipo (una maquina no puede, en general, realizar dos actividades distintas simultáneamente).

Los aprovisionamientos (hasta la recepción de los materiales no pueden realizarse actividades que los precisen).

Las ventas o aspectos comerciales o contractuales (ciertas actividades deben haberse realizado antes de una fecha determinada para cumplir los plazos, no incurrir en penalizaciones, o poder atender cierto tipo de solicitud).

La climatología (ciertos trabajos exteriores no pueden realizarse en determinadas épocas de calor o frío), etc.

Los condicionantes o ligaduras a que hemos aludido son de naturaleza diversa, lo que puede llevar a clasificarlas en tres tipos de ligaduras:

"las potenciales" ,

"las acumulativas" y

"las disyuntivas".

Las **ligaduras potenciales** son aquellas que delimitan la posición en el tiempo de las actividades, bien en forma absoluta (respecto al calendario), bien en forma relativa, respecto a otras actividades.

Responderían a sentencias del tipo siguiente:

"No podemos empezar a fabricar hasta el 1 de febrero"

"Las pruebas de carga podrán empezar 28 días después de acabar el hormigonado"

Las **ligaduras acumulativas** son producidas por la limitación de los recursos disponibles (especialmente la mano de obra).

Se formula estableciendo que la suma de los recursos de cierto tipo consumidos por todas las actividades que se realizan simultáneamente no deben superar un cierto valor (constante o variable en el tiempo) que es la disponibilidad de dicho tipo de recursos.

Las **ligaduras disyuntivas** están asociadas generalmente al equipo e instalaciones, y traducen el hecho de que una máquina sólo puede estar dedicada a una actividad; entre dos actividades existe una ligadura disyuntiva si no pueden realizarse simultáneamente.

En el fondo parece que las ligaduras disyuntivas son un caso particular de las acumulativas, sin embargo las peculiaridades impuestas por el origen de cada una de ellas, y por tanto la mayor flexibilidad de las acumulativas frente a la rigidez de las disyuntivas, lleva a tratamientos diferenciados, lo que aconseja su distinción.

En todos los proyectos existen condicionantes que podrían llevar a formular ligaduras de los tres tipos, sin embargo, dadas las dificultades que presenta el tratamiento de las ligaduras acumulativas y disyuntivas, si ello es posible se reduce la problemática, a la consideración únicamente, de las potenciales, modelizando el proyecto sólo con ellas.

Para obviar las ligaduras acumulativas se realiza una asignación "a priori" de recursos a las actividades, de acuerdo con las costumbres y la intuición, con lo que queda definida su duración, calculando a continuación el programa correspondiente y el consumo de recursos asociado a lo largo del tiempo, y corrigiendo la asignación si los resultados no son los deseados.

Cuadro de Prelaciones.

Para obviar las ligaduras disyuntivas se elige un orden razonable de las actividades entre las que existe disyunción, con lo que se transforman en potencial.

A partir de aquí se genera un cuadro de prelaciones del tipo:

Actividad (1)	A	B	C	D	E	F	G	H	I	J	K
Precedente (2)	-	-	A,B	A	A	D	D	C,F	E	H,I	J

(1) Actividades en que se descompone el proyecto

(2) Actividades precedentes a su correspondiente (1)

Las actividades (1) que no tienen ninguna actividad precedente (2) son las actividades de inicio del proyecto

Las actividades fin del proyecto se reconocen por no aparecer en la columna (2)

Cronograma. Tiempos y Holguras.

Es la forma habitual de presentar el plan de ejecución de un proyecto, recogiendo en las filas la relación de actividades a realizar y en las columnas la escala de tiempos que estamos manejando, mientras la duración y situación de cada actividad se representa mediante una línea o rectángulo dibujado en el lugar correspondiente.

Cálculo Tiempo Early:

El Tiempo Early es la fecha de inicio más temprana de una actividad y que vendrá fijada por la fecha máxima de finalización de las actividades que la preceden.

Podemos también definir un Tiempo Early para el proyecto y coincidirá con la fecha más temprana en que se puede finalizar el proyecto.

Tiempo EARLY de un suceso: Tiempo mínimo necesario para llegar a ese suceso. Es un proceso que se desarrolla de izq. a dcha., comenzando por el suceso inicio del proyecto al que se le asigna un tiempo early de 0 unidades.

Cálculo Tiempo Last:

El Tiempo Last es la fecha más tardía en la que una actividad puede acabar sin que se modifique la fecha final del proyecto.

Tiempo LAST de un suceso: Tiempo más tarde en que podemos llegar a ese suceso de manera que la duración del proyecto no se alargue. Es un proceso que se desarrolla de dcha. a izq., comenzando por el suceso final del proyecto al que se le asigna un tiempo last igual al tiempo early previamente calculado.

Los tiempos Last de los restantes sucesos se obtienen teniendo en cuenta que el objetivo de alcanzar el final del proyecto con éxito está condicionado por el camino de máxima duración, considerando como origen este vértice.

Se va restando los tiempos de cada actividad, escogiendo el menor de todos los posible. El cálculo de los tiempos Last me proporciona los datos necesarios para el estudio de las Holguras y por lo tanto del Camino Crítico.

Holgura Total y Camino Crítico:

La Holgura o margen total de una actividad: es el exceso de tiempo disponible para realizar dicha actividad en relación al tiempo previsto para esa actividad y se define como:

Holgura Total de una actividad $HT_{ij}= TL_j$ Last final - TE_j Early inicial – te Duración actividad

$$HT_{ij}= TL_j - TE_j - te$$

Holgura de un suceso: es el exceso de tiempo disponible para el comienzo o finalización de una actividad:

Holgura de un suceso = $HT = TL - TE$ (tiempo Last – tiempo Early)

El camino crítico lo forman todas aquellas actividades en las que coinciden los tiempos Early y Last de sus correspondientes sucesos.

Holgura Libre y Holgura Independiente.

Holgura Libre: es la parte de la holgura total que puede ser consumida sin perjudicar a las actividades siguientes. (early)

Holgura Libre de una actividad: $HL_{ij} = TE_j - TE_i - te$ (tiempo early suceso final – tiempo early suceso inicial-duración actividad)

Holgura Independiente: representa la holgura de las actividades si el proyecto evoluciona de la forma más desfavorable posible. (last)

Holgura Independiente: $HI_{ij} = TE_j - TL_j - te$ (tiempo early suceso final – tiempo Last suceso inicial - duración actividad)

Establecimiento del Calendario.

Las fechas resultantes del cálculo, de las siguientes fórmulas, se pueden presentar en un diagrama calendario o en un cuadro resumen.

Fecha de comienzo más temprana: $s_{ij} = TE_i$

Fecha de comienzo más tardía: $s^*_{ij} = TE_i + HT_{ij} = TL_j - te$

Fecha de finalización más temprana: $t_{ij} = TE_i + te$

Fecha de finalización más tardía: $t^*_{ij} = TL_j$

A partir de estas fórmulas se puede establecer fácilmente un calendario de ejecución del proyecto para lo que deberá tenerse en cuenta en todo momento el calendario laboral del proyecto y el de los recursos.

"El tiempo es dinero"

Benjamin Franklin.

"El dinero es algo del mismo orden real que los centímetros, gramos, metros, kilos o líneas de latitud y longitud. Es una abstracción. Es un método de contabilidad para obviar el incómodo procedimiento del trueque. Pero nuestra cultura, en realidad toda nuestra civilización, está completamente colgada de la noción de que el dinero cuenta con una realidad propia independiente"

Alan Watts

8. GESTIÓN DE COSTES DE UN PROYECTO

Introducción

La Gestión de los Costes del Proyecto incluye los procesos relacionados con planificar, estimar, presupuestar, financiar, gestionar y controlar los costes de modo que se complete el proyecto dentro del presupuesto aprobado.

Los procesos a tener en cuenta son:

Planificar la Gestión de los Costes: Es el proceso que establece las políticas, los procedimientos y la documentación necesarios para planificar, gestionar, ejecutar el gasto y controlar los costes del proyecto.

Estimar los Costes: Es el proceso que consiste en desarrollar una aproximación de los recursos financieros necesarios para completar las actividades del proyecto.

Determinar el Presupuesto: Es el proceso que consiste en sumar los costes estimados de las actividades individuales o de los paquetes de trabajo para establecer una línea base de coste autorizada.

Controlar los Costes: Es el proceso de monitorear el estado del proyecto para actualizar los costes del mismo y gestionar posibles cambios a la línea base de costes.

Planificación de costes

El plan de gestión de los costes podría establecer lo siguiente:

• Unidades de medida. Se definen, para cada uno de los recursos, las unidades que se utilizarán en las mediciones (tales como las horas, los días o las semanas de trabajo del personal para medidas de tiempo, o metros, litros, toneladas, kilómetros o yardas cúbicas para medidas de cantidades, o pago único en formato de moneda).

• Nivel de precisión. Consiste en el grado de redondeo, hacia arriba o hacia abajo, que se aplicará a las estimaciones del coste de las actividades, en función del alcance de las actividades y de la magnitud del proyecto.

- Nivel de exactitud. Se especifica el rango aceptable (p.ej., ±10%) que se utilizará para hacer estimaciones realistas sobre el coste de las actividades, que puede contemplar un determinado monto para contingencias;

- Enlaces con los procedimientos de la organización. La estructura de desglose del trabajo (EDT) establece el marco general para el plan de gestión de los costes y permite que haya coherencia con las estimaciones, los presupuestos y el control de los costes. El componente de la EDT que se utiliza para la contabilidad de los costes del proyecto se denomina cuenta de control. A cada cuenta de control se le asigna un código único o un número o números de cuenta vinculados directamente con el sistema de contabilidad de la organización ejecutora.

- Umbrales de control. Para monitorear el desempeño del coste, pueden definirse umbrales de variación, que establecen un valor acordado para la variación permitida antes de que sea necesario realizar una acción. Los umbrales se expresan habitualmente como un porcentaje de desviación con respecto a la línea base del plan.

- Reglas para la medición del desempeño. Se establecen reglas para la medición del desempeño mediante la gestión del valor ganado (p.ej., hitos ponderados, fórmula fija, porcentaje completado, etc).

- Formatos de los informes. Se definen los formatos y la frecuencia de presentación de los diferentes informes de costes.

- Descripciones de los procesos. Se documentan las descripciones de cada uno de los procesos de gestión de los costes.

- Detalles adicionales. Estos detalles adicionales sobre la gestión de costes incluyen, entre otros:

    o Descripción de la selección estratégica del financiamiento,

    o Procedimiento empleado para tener en cuenta las fluctuaciones en los tipos de cambio, y

    o Procedimiento para el registro de los costes del proyecto.

Estimación de costes

Las estimaciones de costes son una predicción basada sobre la información disponible en un momento determinado.

Las estimaciones de costes incluyen la identificación y consideración de diversas alternativas para el cálculo de costes de cara a iniciar y completar el proyecto. Para lograr un coste óptimo para el proyecto, se debe tener en cuenta el balance entre costes y riesgos, tal como hacer en lugar de comprar, comprar en lugar de alquilar y la compartición de recursos.

Se deben revisar y refinar las estimaciones de costes a lo largo del proyecto para ir reflejando los detalles adicionales a medida que éstos se van conociendo y que se van probando los supuestos de partida.

La exactitud de la estimación del coste de un proyecto aumenta conforme el proyecto avanza a través de su ciclo de vida.

El tipo y la cantidad de recursos, así como la cantidad de tiempo que dichos recursos se dedican a completar el trabajo del proyecto, son los factores principales para determinar el coste del proyecto.

Los recursos de las actividades del cronograma y sus respectivas duraciones se usan como entradas clave para este proceso.

Este proceso implica determinar la disponibilidad y el número de horas requeridas del personal, así como las cantidades necesarias de materiales y equipos requeridos para llevar a cabo las actividades del cronograma.

Este proceso además está estrechamente coordinado con la estimación de costes.

Las estimaciones de duración de las actividades afectarán a las estimaciones del coste de cualquier proyecto cuyo presupuesto incluya una provisión para el coste de financiación (incluidos los cargos por intereses) y cuyos recursos se apliquen por unidad de tiempo a lo largo de la duración de la actividad.

La estimación de la duración de las actividades también puede afectar a las estimaciones de costes cuando estos costes son variables en función del tiempo, como los materiales cuyos costes varían de manera estacional.

Información para la estimación de costes

Determinar los costes estimados para cada actividad puede ser una labor de complejidad muy variable en función de las características del proyecto, de la experiencia del personal y la información disponible durante la fase de planificación.

A continuación se detallan las diferentes fuentes empleadas:

Entre las **fuentes externas** a la propia resolución del proyecto se tienen:

<u>Documentación de la Organización</u>: en caso de existir documentos de información histórica, lecciones aprendidas, disponibilidad de plantillas o esquemas de trabajo...pueden ser utilizadas:

o Plantillas de estimación de costes: propias de la organización y estandarizadas para su uso interno. Siempre existe la posibilidad de mejorarlas durante el desarrollo del proyecto o incluso generar una nueva, adecuada a la singularidad del proyecto en curso.

o Información histórica y lecciones aprendidas: con estimaciones de costes de proyectos similares (alcance, suministros, calidad o plazo). Así mismo podrán emplearse como información archivos detallados de rendimiento realizados por miembros o departamentos de la organización.

o Conocimiento del equipo del proyecto: es de utilidad similar a la información histórica (archivos y lecciones aprendidas) cuenta con menor fiabilidad por no estar contenida en un soporte físico, pero con mayor flexibilidad.

Factores Ambientales: en los que se desarrolla el proyecto, y recursos de ayuda a la estimación de costes disponibles:

o Condiciones de mercado: vigentes en el momento de la estimación: un estudio detallado de los productos y servicios similares en el mercado a los que ofrecerá como resultado el proyecto (qué se ofrece, quién lo hace, cómo se lleva a cabo, cuándo y cuánto supone en precio de coste o venta).

o Bases de datos comerciales: información sobre los costes de materiales y equipos, obtenidas mediante sondeos y estudios propios o externos.

Provenientes del desarrollo del proyecto o **fuentes internas**, pueden emplearse las siguientes:

• <u>Alcance del Proyecto</u>: como ya se ha visto define los límites del proyecto describiendo las necesidades y requisitos del mismo, y puede haber sido modificado en la creación de la EDT.

• <u>Estructura de Desglose de Trabajo y Diccionario</u>: proporciona un listado de las actividades, entregables y resultados del proyecto, así como las relaciones entre los mismos. Sirve de base para la realización de la estimación de costes mediante el uso de la cuenta de control asociada a cada actividad.

• <u>Recursos del Proyecto</u>: suministra una guía general de los recursos: datos económicos, materiales y de personal. Por ejemplo:

    o financiación: cargos por intereses generados,

    o recursos con coste por unidad de tiempo.

    o contratación de personal y retribuciones regulares.

    o materiales con variaciones de costes estacionales, o con claras tendencias de incremento/decremento de costes (metales).

o cláusulas que definan penalización por incumplimiento de plazos.

o procesos tanto de selección como de retribución del personal del proyecto.

- <u>Registro de riesgos</u>: En función del área de trabajo se hace necesario un estudio de riesgos, o una estimación de los mismos. Una clasificación posible de los riesgos presentes en el proyecto sería:

o Rentabilidad y transcurso del proyecto: en lo referido a su alcance, calidad, coste o planificación: políticos, impacto social, inflación, financiación, técnicos...Repercuten en el beneficio del proyecto.

o Asegurables: respaldados por pólizas de seguro: naturaleza, accidentes...

Estos riesgos son amenazas que conllevan un riesgo negativo, y en caso de ocurrencia el coste estimado para el proyecto aumentará y/o se producirá un retraso en el cronograma del mismo.

Técnica de estimación de costes

Existen diversas técnicas de estimación de costes:

- **Estimaciones aproximadas**: si la organización ejecutante no tiene estimadores de costes debidamente formados, el equipo del proyecto deberá proporcionar los recursos y la experiencia para llevar a cabo las actividades de estimación de costes del proyecto.

En este punto entran en juego las estimaciones personales que podrán ser pesimistas, optimistas o inconstantes, y que habrán de ser ponderadas gracias al conocimiento del personal por parte del director de proyecto.

A pesar de parecer un método arbitrario de estimación la utilidad de este procedimiento ha sido probada en la práctica.

- **Estimación por Analogía**: (o comparativa), cuando el desarrollo del proyecto aún está en fases tempranas y se dispone de personal con experiencia previa, y de estimaciones realizadas sobre un proyecto similar puede realizarse la estimación por comparación.

- **Determinación de Tarifas de Costes de Recursos**: se trata de una recopilación de información acerca del coste de los recursos empleados para cada actividad:

    o Tarifas de costes unitarios: coste del personal por hora y el coste del material para estimar los costes de la actividad.

    o Tarifas estándar: para productos, servicios o resultados obtenidos por contrato. Puede obtenerse por ejemplo de listas de precios de los vendedores

    o De bases de datos comerciales (internas o externas).

    o Estimaciones de tarifas: siempre que estas no estén disponibles.

- **Estimación Particular Ascendente**: en este caso se toma las estructura de desglose de trabajo (EDT) del proyecto y desde el nivel más bajo (paquete de trabajo), más detallado de desglose, se realiza la estimación de cada actividad o componente paso a paso de modo que la estimación de nivel superior incluya las estimaciones por debajo de sí misma. Es decir, consiste en la acumulación en niveles superiores de las estimaciones de niveles inferiores de la EDT.

Con esto se persigue una mayor exactitud en las estimaciones, puesto que el error se ve reducido al reducirse el coste de la actividad sobre la cual se realiza la estimación.

- **Estimación Global Descendente**: parte del coste global estimado del proyecto. La raíz del árbol que representa la EDT, y a partir de ese valor y en sentido descendente (hacia un mayor desglose), se van obteniendo los correspondientes a cada producto entregable o paquete de trabajo.

Este método permite no perder la referencia del coste total estimado para el proyecto, siempre que este esté limitado.

- **Estimación Paramétrica**: otra opción posible es el uso de fuentes de información recopiladas con anterioridad como pueden ser informes o datos históricos; o con medidas objetivas como pueden ser metros de cable, toneladas de hormigón, horas de trabajo, kilómetros de distancia, líneas de código y aplicar dicha información sobre un modelo matemático.

- **Análisis de Propuestas para Licitaciones**: en el caso de que el proyecto a realizar deba ganarse en concurso público, o licitación, suele ser necesaria una estimación previa del precio del resultado del proyecto (a valorar por el cliente), es decir del precio de venta, y obtener por tanto un coste que respalde el coste total del proyecto quedando esté disponible desde antes de comenzarse los trabajos del mismo.

- **Análisis de contingencias**: muchos estimadores de costes incluyen reservas que permiten exagerar la estimación a fin de gestionar eventos previstos, aunque no seguros, a voluntad del director de proyecto, o del responsable del mismo.

Las contingencias forman parte del alcance del proyecto.

Si llevamos esto al campo de la planificación temporal y de los diagramas de flechas o de precedencia la contingencia suele ser una actividad de duración cero, o de duración igual a la totalidad del proyecto, o bien igual a la duración de las actividades implicadas en su cálculo.

Este cálculo total para contingencias puede realizarse:

o Como el acumulado de las contingencias estimadas para cada producto entregable o paquete de trabajo. De esta forma a medida que el proyecto se desarrolla puede reajustarse la cifra asignada a contingencias.

o Otra opción es asignar como contingencias un porcentaje fijo respecto de la cifra total de coste del proyecto que habrá de ser evaluado respecto del riesgo que conlleve el proyecto (a mayor riesgo mayor cantidad asignada a contingencias).

Algunos motivos de inclusión de contingencias son:

o Inflación: difícilmente determinable a medio o largo plazo.

o Trabajos adicionales: suponen una variación del alcance a causa de errores en la definición del alcance.

o Moneda extranjera: habitualmente se establece una moneda de control del proyecto, que no tiene por qué ser necesariamente la habitual en la organización lo cual supone incertidumbres y riesgos por variaciones en los tipos de cambio.

Empleando el análisis de contingencias la certeza de la estimación aumenta dado que no es necesario realizar la estimación para el peor caso (inflado de la estimación de cada actividad), al tiempo que se mantiene un remanente en caso de que este se produzca:

Se trata de un colchón ante posibles riesgos.

Dependiendo de la naturaleza y restricciones del proyecto a todas las técnicas explicadas anteriormente podría añadírsele el coste estimado de la calidad requerida por el proyecto: análisis, control, obtención de certificaciones, etc.

Costes de las Actividades

Los resultados que, tras la aplicación de las técnicas y herramientas vistas anteriormente, se obtienen de la estimación de costes de proyecto son, obviamente la estimación y la información empleada para alcanzarla:

Como es obvio la estimación de costes del proyecto, ofrece como resultado directo la estimación de costes de cada producto entregable intermedio y de cada paquete de trabajo de la Estructura de desglose del trabajo (EDT) que a su vez supone un resumen o un informe detallado cuantitativo de los costes necesarios para completar dicha actividad: mano de obra, materiales, servicios, instalaciones, inflación y contingencias para dicha actividad.

Preparación del Presupuesto

Este proceso es llevado a cabo tras la planificación temporal, cuando ya se ha creado el cronograma del proyecto y se ha realizado la estimación previa de costes.

La preparación del presupuesto de costes debe derivarse de las estimaciones de coste, para posteriormente mediante adición obtener la línea base de coste total.

En el proceso de presupuestado no sólo es importante conocer la suma total de costes, sino también el ritmo al que está programado que se incurran dichos costes.

Por tanto se parte de la estimación de coste realizada sobre la estructura de desglose de tareas en la que se ha asignado una partida presupuestaria a cada una de las actividades que componen el proyecto de modo que sea posible llevar a cabo una medición y un control verdaderos.

Por ejemplo los presupuestos de mano de obra estarán recogidos en horas/persona, en lugar de unidades monetarias o salarios, mientras que los presupuestos para compras o subcontratas se expresarán en la moneda correspondiente al proyecto.

No debe olvidarse que el presupuesto del proyecto debe responder a futuros cambios y contar con un presupuesto de reserva que permita realizar los ajustes necesarios en función de los riesgos a que se vea sometido el proyecto.

Curva de avance del Presupuesto

La curva de avance o curva "S", representa en un proyecto el avance real respecto al planificado en un periodo acumulado hasta la fecha.

La curva recibe el nombre de "S" por su forma: al principio del proyecto hay una tendencia de costes acumulados crecientes, mientras que éstos costes acumulados decrecen hacia el final.

La primera versión de la Curva "S" se crea a partir del cronograma vigente y el presupuesto inicial. Posteriormente se puede actualizar conforme se crean las nuevas versiones.

El objetivo es detectar las desviaciones existentes y tomar medidas para corregirlas.

Esta curva indica que porcentaje de avance físico de trabajo es más bajo al inicio y al final de la actividad.

Este hecho se debe a que en el inicio del trabajo, se requiere tiempo para familiarizarse con la documentación, necesidades del cliente y crear el ambiente motivacional sobre el cuál se desarrollará el proyecto.

La gráfica con la curva de avance, debe incluir entre sus elementos, al menos, los siguientes:

- Nombre del proyecto.

- Código del proyecto.

- Fecha inicial del proyecto.

- Fecha final del proyecto.

Valor del trabajo planificado (lo que se planificó se generaría de valor durante la ejecución de los recursos ejercidos en las actividades de ese período, el plan – usualmente un mes).

Valor de trabajo planificado acumulado (la suma de los recursos ejercidos como gasto de acuerdo al plan).

Coste real del trabajo realizado (lo que realmente costó la ejecución de los recursos ejercidos en las actividades de ese período).

Coste real del trabajo realizado acumulado (la suma de los recursos ejercidos como gasto de acuerdo al gasto ejecutado).

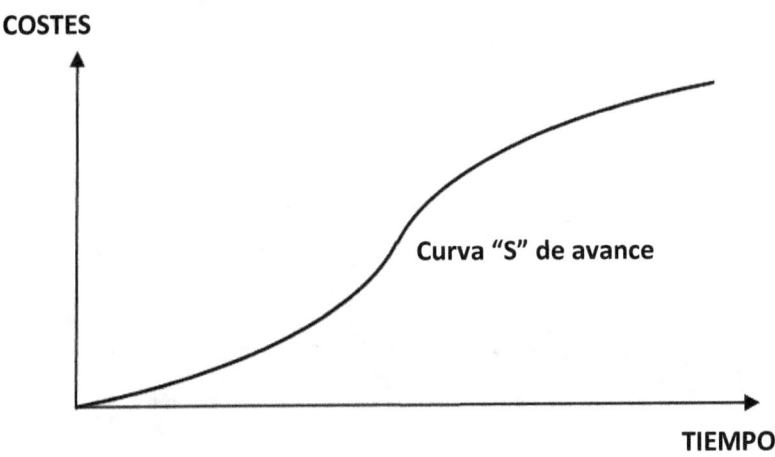

"Conquistar sin riesgo, es triunfar sin gloria"

Pierre Corneille.

"El mayor riesgo es no asumir ningún riesgo. En un mundo que cambia realmente rápido, la única estrategia en la que el fracaso está garantizado es no asumir riesgos".

Mark Zuckerberg.

9. GESTIÓN DE RIESGOS DE UN PROYECTO

Introducción

La gestión de los riesgos es una parte integral de la dirección del proyecto, siendo un elemento clave en el proceso de toma de decisiones.

Cualquier empresa que vaya a comenzar un nuevo proyecto se enfrenta al reto de invertir dinero en personal, equipamiento e instalaciones, formación, suministros y gastos financieros.

El mejor modo de evitar el fracaso del proyecto, que en ocasiones puede llegar a originar la ruina de la organización, es la utilización de ciertas herramientas que permiten gestionar los riesgos.

Como parte de la gestión del riesgo, es preciso definir una política de riesgos del proyecto con objeto de mantener los riesgos inherentes dentro de límites definidos y aceptados. Esta política debe estar de acuerdo con la política de riesgos de la organización, de manera que la identificación y el tratamiento de los riesgos sea consistente y homogéneo en todos los proyectos.

Se entiende por riesgo en un proyecto, un evento o condición que, si ocurre, tiene un efecto sobre los objetivos del proyecto.

Los riesgos negativos influyen negativamente sobre alguno o varios objetivos del proyecto, como por ejemplo:

- Aumento de los costes del proyecto.
- Retrasos de proyecto.
- Disminución de calidad.
- Impacto en el medio ambiente.
- Pérdida o daños a personas o propiedades.
- Otros.

Es necesario gestionar estos riesgos de manera que su efecto sobre el proyecto sea nulo o mínimo. También existe una concepción de riesgo como oportunidad, en cuyo caso se habla de riesgos positivos. En este caso lo que se pretende mediante la gestión de riesgos es incidir sobre los factores que puedan provocar la aparición de estos riesgos.

La gestión de los riesgos consta de cuatro procesos (identificación, análisis, planificación de la respuesta y supervisión y control de riesgos) que a continuación pasamos a describir.

La identificación de Riesgos

Se identifican los riesgos y disparadores asociados del proyecto, clasificándolos según los componentes principales del mismo (EDT) y según los tipos y categorías de riesgos más importantes.

Se identificará de manera clara la causa específica de cada riesgo y el objetivo u objetivos del proyecto sobre los que cada riesgo incide. Durante este proceso se identificarán también los disparadores, que son síntomas o señales de advertencia de que un riesgo ha ocurrido o está a punto de ocurrir.

Requiere considerable planificación e investigación utilizando técnicas diversas.

Técnicas de diagramación como el diagrama de Ishikawa o de espina de pescado (útil para identificar causas de riesgos), diagramas de flujo de proceso (útiles para mostrar cómo se relacionan los elementos de un sistema y el mecanismo de causalidad).

Análisis de las hipótesis y escenarios utilizados en la planificación del proyecto.

Análisis de las hipótesis y escenarios utilizados en la planificación del proyecto.

Entrevistas a personal con experiencia por parte del responsables de identificación de riesgos.

Análisis de debilidades, amenazas, fortalezas, y oportunidades (DAFO). Este análisis ayuda a una mejor comprensión del proyecto y de los riesgos asociados a cada perspectiva del DAFO.

Análisis de Riesgos

El análisis de riesgos puede ser cualitativo o cuantitativo.

El análisis de riesgos cualitativo precede en ocasiones al cuantitativo, cuando se quiere profundizar en algún riesgo concreto. En otras ocasiones precede directamente a la planificación de respuesta al riesgo, obviándose el análisis cuantitativo.

El análisis de riesgos tiene como objetivo establecer una priorización de los riesgos del proyecto para su tratamiento posterior.

También permite establecer una clasificación general de riesgo del proyecto, en relación a otros proyectos de la organización.

Esta información puede ser utilizada para apoyar decisiones de inicio o cancelación de un proyecto, para realizar asignaciones de recursos entre proyectos, o para la realización de análisis coste-beneficio.

La repetición de estos análisis proporciona información sobre tendencias que indiquen acciones a tomar para gestionar el riesgo.

Análisis cualitativo de riesgos.

Este proceso evalúa el impacto y la probabilidad de ocurrencia de los riesgos identificados en el proceso anterior usando métodos y herramientas de análisis cualitativo.

El riesgo se mide a partir de dos parámetros: probabilidad e impacto.

La probabilidad es la posibilidad de que el riesgo pueda ocurrir.

El impacto o severidad es el efecto sobre los objetivos del proyecto, caso de materializarse el riesgo.

Todo riesgo viene definido por sus valores de probabilidad e impacto.

Si el riesgo puede materializarse en más de una ocasión, aparece un tercer parámetro de medida: la frecuencia, que mide el número de veces que un determinado riesgo puede materializarse a lo largo del proyecto.

Para que este método sea útil y no lleve a conclusiones erróneas es preciso contar con información precisa y no tendenciosa acerca de los riesgos.

Los riesgos deben ser adecuadamente entendidos antes de proceder a la determinación de su probabilidad e impacto.

Ello implica examinar: el grado de conocimiento del riesgo, la información disponible, y la calidad e integridad de la información.

Para medir probabilidad e impacto pueden utilizarse escalas numéricas y no numéricas.

El análisis de criticidad es una metodología que permite establecer la jerarquía o prioridades de procesos, sistemas y equipos, creando una estructura que facilita la toma de decisiones acertadas y efectivas, direccionando el esfuerzo y los recursos en áreas donde sea más importante y/o necesario mejorar la fiabilidad operacional, basado en la realidad actual.

La criticidad se determina cuantitativamente, multiplicando la probabilidad o frecuencia de ocurrencia de una falla por la suma de las consecuencias de la misma, estableciendo rasgos de valores para homologar los criterios de evaluación.

Criticidad = Frecuencia x Consecuencia

El propósito del análisis de criticidad es cuantificar la magnitud relativa del efecto de cada riesgo como una ayuda para la toma de decisiones, de manera que con una combinación de criticidad y severidad se pueda establecer la prioridad para la acción de mitigar o minimizar el efecto de determinados riesgos.

Uno de los métodos de determinación cuantitativa de criticidad es el número de prioridad del riesgo:

NPR=SxPxD

En donde,

S es un número no dimensional que representa la severidad, es decir, una estimación de qué tan fuerte son los efectos del riesgo.

P la probabilidad de ocurrencia del riesgo durante un periodo de tiempo predeterminado o establecido, aunque también puede definirse como un rango numérico más que como la probabilidad de ocurrencia real.

D significa detección, es decir, una estimación de la posibilidad de identificar y eliminar el riesgo antes de que se vea afectado el proyecto.

Este número se clasifica normalmente en orden inverso a partir de los números de severidad o de ocurrencia: a mayor número de detección, es menos probable la detección.

La menor probabilidad de detección conduce, en consecuencia, a un mayor NPR y a una mayor prioridad.

Para determinar la criticidad de un riesgo se utiliza una matriz de frecuencia por consecuencia.

En un eje se representa la probabilidad del riesgo y en otro los impactos o consecuencias en los cuales incurrirá el proyecto en estudio si le ocurre un determinado riesgo.

		1	2	3	4	5
CATEGORIA DE FRECUENCIA	5	M	M	A	A	A
	4	M	M	A	A	A
	3	B	M	M	A	A
	2	B	B	M	M	A
	1	B	B	B	M	A
		1	2	3	4	5
		CATEGORIA DE CONSECUENCIA				

B: criticidad baja.

M: criticidad media

A: criticidad alta.

Por tanto, el análisis de Riesgos es una técnica que permite jerarquizar los riesgos de un proyecto, en función de su impacto global con el fin de facilitar la toma de decisiones técnico-económicas.

RIESGO = FRECUENCIA DE APARICIÓN X CONSECUENCIA

Análisis cuantitativo de riesgos.

Este proceso utiliza técnicas cuantitativas para determinar la probabilidad y el impacto de los riesgos del proyecto.

Generalmente se realiza después del análisis cualitativo de riesgos.

Entre las herramientas utilizadas para el análisis cuantitativo del riesgo se encuentran:

<u>Entrevistas</u>. La información recogida de los expertos es tratada estadísticamente a partir de los datos de algún parámetro concreto cuyo riesgo se quiera estimar (por ejemplo: coste, tiempo, etc) correspondiente a un elemento del EDT.

<u>Análisis de árbol de decisiones</u>. Se trata de un diagrama que describe una decisión considerando todas las alternativas posibles. Cada rama incorpora probabilidades de riesgos y los costes o beneficios de las decisiones futuras. La resolución del árbol permite determinar cuál es la decisión que produce el mayor valor esperado. El valor esperado o esperanza matemática se define como el sumatorio de probabilidad por costes y beneficios.

<u>Otros</u>: análisis de sensibilidad, simulación (Análisis de Montecarlo).

Planificación de respuesta al Riesgo

Una vez analizados y priorizados los riesgos del proyecto, es preciso proceder a su tratamiento, seleccionado para cada riesgo aquella estrategia de respuesta que tenga mayores posibilidades de éxito.

Estas estrategias son:

Eliminación o evitación. Consiste en eliminar la amenaza eliminando la causa que puede provocarla.

Transferencia. La transferencia del riesgo busca trasladar las consecuencias de un riesgo a una tercera parte junto con la responsabilidad de la respuesta.

Mitigación. Busca reducir la probabilidad o las consecuencias de sucesos adversos a un límite aceptable antes del momento de activación. Es importante que los costes de mitigación sean inferiores a la probabilidad del riesgo y sus consecuencias.

Aceptación. Esta estrategia se utiliza cuando se decide no actuar contra el riesgo antes de sus activación. La aceptación puede ser activa o pasiva.

La primera incluye el desarrollo de un plan de contingencia que será ejecutado si el riesgo ocurre. La aceptación pasiva no requiere de ninguna acción, dejándose en manos del equipo de proyecto la gestión del riesgo si este llegara a materializarse.

Para cada riesgo se deberá nombrar a un responsable de implementar la estrategia elegida según un plan predefinido.

Como consecuencia de esta implantación pueden aparecer riesgos residuales y riesgos secundarios.

Los **riesgos residuales** son aquellos que permanecen después de implementar las respuestas al riesgo.

Los **riesgos secundarios** son los riesgos que pueden aparecer como consecuencia de la implementación de la respuesta a un riesgo. Deben ser gestionados de igual manera a los riesgos primarios, planificando sus respuestas.

Supervisión y control de Riesgos

Este proceso se ocupa del seguimiento de los riesgos identificados de manera que los planes de riesgo son ejecutados por los responsables asignados, de la supervisión de los riesgos residuales, de la aparición de disparadores que indican que algún riesgo está a punto de producirse, de la revisión de la priorización de riesgos realizada, y de la identificación de nuevos riesgos que pudieran presentarse.

El instrumento más potente de control de riesgos son las revisiones de proyecto.

En toda reunión y revisión de proyecto debiera haber un punto de la agenda dedicado al tratamiento de los riesgos, donde se revisarán todos los puntos anteriores.

En algunas organizaciones se realizan auditorías específicas de respuesta al riesgo, en las que se examinan y documentan la eficacia de la respuesta al riesgo.

Otras herramientas de control de riesgo son el análisis de valor de trabajo realizado y la medición de rendimiento técnico que proporcionan datos valiosos sobre desviaciones de los objetivos proyecto.

"Es irónico que una de las pocas cosas sobre las que tenemos control es sobre nuestras propias actitudes, y aun así la mayoría de nosotros vive la vida entera comportándose como si no tuviera ningún control"

Jim Rohn.

"Lo controlable nunca es totalmente real, y lo real nunca es totalmente controlable"

Antonio Escohotado.

10. SEGUIMIENTO Y CONTROL DE PROYECTOS

Introducción

Con la aprobación del plan del proyecto se da por finalizada para fase de planificación, por lo que se pasa a la fase de ejecución y control del proyecto.

Es en esta fase cuando el equipo del proyecto lleva a cabo las tareas planificadas, y por tanto el director del proyecto debe seguir su ejecución para garantizar que esta ocurre de acuerdo a lo planificado.

Toda la sistemática de planificación y control del proyecto se basa en una idea muy simple: si tenemos una planificación que muestra una forma realista de conseguir los objetivos y seguimos esta planificación, conseguiremos los objetivos.

Por tanto controlar un proyecto se resume en hacer que este haga lo planificado, aplicando las correcciones necesarias cuando nos desviemos.

Líneas base de Proyecto

Las líneas base del proyecto son una imagen congelada y aprobada de la planificación de costes, alcance y plazos del proyecto. Su importancia radica en el hecho de constituir el punto de referencia para medir el avance del proyecto respecto a las tres principales restricciones:

1. Línea base de coste. Es la distribución temporal de los costes que va a asumir el proyecto debido a ejecutar las tareas planificadas. Por ello sirve para comparar el coste real con el coste planificado a cada momento del proyecto.

2. Línea base del cronograma. Se trata del cronograma del proyecto, con la diferencia formal de haber sido aprobado.

3. Línea base de alcance. Es el conjunto de actividades que componen el proyecto y que permitirán ejecutar los entregables, lo cual queda reflejado en la EDT aprobada.

Sirve para cuantificar en cada momento el avance de cada actividad y entregable.

La importancia del seguimiento de Proyectos

A medida que transcurre el tiempo y va avanzando la realización del mismo van variando las estimaciones sobre las realizaciones futuras:

1. El conocimiento que se posee sobre estas tareas ha mejorado debido a la experiencia o al incremento de atención que les proporciona la inmediatez (que las ha transformado de un asunto importante en un asunto urgente).

2. Han podido variar las condiciones existentes y por consiguiente haberse decidido el empleo de un método diferente del inicialmente previsto, lo que repercute en definiciones y duraciones.

3. La marcha del proyecto obliga a secuenciar las actividades en una forma diferente a la establecida inicialmente.

4. Se han producido o se prevé que se producirán incidentes que han repercutido en variaciones de la duración de algunas actividades respecto a lo previsto.

Todo esto provoca que la línea base no refleje la situación real del proyecto.

Documentos necesarios para el seguimiento

Documentos sobre los costes, gastos y presupuestos. Compromisos y pagos realizados desde el inicio del proyecto y desde inicio del año en curso, presentado por bloques de actividades y conceptos; previsiones hasta fin de años y hasta fin del proyecto.

Documentos que muestran el estado de avance. Estado de la planificación vigente.

Documentos sobre personal y plantilla. Personal existente, seleccionado por especialidades y afiliación; previsiones periodificadas hasta final de año y hasta final de proyecto, imputaciones de ingresos y costes.

Documentos sobre características técnicas. Especificaciones, control de la calidad y su evolución.

Estos documentos deben permitir comparar las especificaciones exigidas y previstas con las realizaciones concretas. Tanto en los que se refiere a las características técnicas, como a los datos fácilmente mesurables de costes y plazos, es preciso cuantificar o por lo menos normalizar la información, dándole la forma de tablas o gráficos.

Estas tablas o gráficos, además de describir la situación en el momento de su emisión, deben permitir comparaciones y deben mostrar tendencias de forma clara.

Podemos por tanto distinguir tres tipos de tablas y/o gráficos:

1. **Documentos de base** en el que se recoge la estimación más fiable en la fecha de emisión.

2. **Documentos de actualización** en el que se recoge la nueva versión del anterior, o la información que ha sufrido modificación.

3. **Documentos de comparación** que permite seguir y analizar la evolución de las estimaciones.

Control de Proyectos. Plazo.

Obviamente esto es controlar que el proyecto se ejecuta dentro del plazo acordado; lo que se hace de forma diferente en función de la metodología de planificación utilizada:

En la metodología PERT se considera que la duración de las tareas es determinista, lo que implica que es un valor fijo de acuerdo al margen de confianza utilizado para planificar. Por tanto, si el proyecto se desarrolla con esta metodología, el director del proyecto deberá controlar y realizar las acciones necesarias que cada tarea de forma individual se ejecute dentro del plazo definido para ella.

Por otro lado, la metodología de Cadena Crítica considera que la duración de las tareas no es determinista, y centra su foco en garantizar que el proyecto en su conjunto cumpla con el plazo definido.

En este caso el director de proyecto deberá controlar el avance de las tareas dentro del camino crítico respecto al uso de la protección, y que el camino crítico no se ve alterado por atrasos en tareas que originalmente no formaban parte de este.

Un aspecto importante a considerar es que el control del plazo se hace con el cronograma aprobado sin considerar el margen por riesgos.

El motivo es que el margen por riesgos es una provisión de tiempo para proteger determinadas tareas contra hechos concretos que pueden afectarlas, por tanto si estos ocurren ampliaremos el plazo de la tarea de acuerdo al margen considerado.

Si no lo hacemos así, lo más normal es acabar usando el margen para cosas que no son riesgos.

Control de Proyectos. Coste.

Cuando hablamos de controlar costes, hay dos aspectos a considerar: el control del coste total del proyecto y el control de la tesorería del proyecto.

Lo primero significa que el total de costes imputados al proyecto una vez finalizado, y aceptado, no supera el presupuesto inicial.

La complejidad de esto es detectar estas desviaciones, que ocurrirán al final del proyecto, en fases tempranas, de tal forma que tengamos tiempo para aplicar correcciones.

El segundo punto considera controlar la capacidad de pago del proyecto, lo que implica mantener la relación entre cobros y pagos en positivo, de tal forma que el proyecto pueda hacer frente a sus obligaciones de pago con la parte facturada e ingresada.

Esto es muy importante en proyectos con presupuestos grandes, y no se suele considerar en proyectos pequeños.

En estos últimos el director de proyecto debe autorizar la emisión de las facturas de acuerdo al avance y seguir su pago.

Control de Proyectos. Riesgo.

Por definición un riesgo va a tener efecto sobre los objetivos del proyecto, por tanto es importante mantener estos controlados y asegurarse de que se están ejecutando el seguimiento y las acciones adecuadas.

Esto incluye:

Controlar la ejecución de las acciones definidas en el registro de riesgos para mitigarlos o evitarlos.

Seguir la evolución de los riesgos, ya que durante el proyecto pueden aparecer o desaparecer riesgos, o puede modificarse su impacto.

Definidas las acciones a realizar en el caso de que un determinado riesgo ocurra. De esta forma evitaremos actuar de forma improvisada y bajo presión, lo que al final es siempre peor.

Ejercer influencia sobre los riesgos identificados, intentando evitar o disminuir los negativos y potenciar los positivos.

Método del valor ganado.

La gestión del valor ganado es una metodología que combina medidas de alcance, cronograma y recursos para evaluar el desempeño y el avance del proyecto.

Es un método muy utilizado para la medida del desempeño de los proyectos. Integra la línea base del alcance con la línea base de costes, junto con la línea base del cronograma, para generar la línea base para la medición del desempeño, que facilita la evaluación y la medida del desempeño y del avance del proyecto por parte del equipo del proyecto.

Es una técnica de dirección de proyectos que requiere la constitución de una línea base integrada con respecto a la cual se pueda medir el desempeño a lo largo del proyecto.

El Método del Valor Ganado establece y monitorea tres dimensiones clave para cada paquete de trabajo y cada cuenta de control:

• **Valor planificado**. El valor planificado (PV) es el presupuesto autorizado que se ha asignado al trabajo programado.

Es el presupuesto autorizado asignado al trabajo que debe ejecutarse para completar una actividad o un componente de la estructura de desglose del trabajo, sin contar con la reserva de gestión.

Este presupuesto se adjudica por fase a lo largo del proyecto, pero para un momento determinado, el valor planificado establece el trabajo físico que se debería haber llevado a cabo hasta ese momento.

El valor planificado total se conoce en ocasiones como la línea base para la medición del desempeño. El valor planificado total para el proyecto también se conoce como presupuesto hasta la conclusión (BAC).

- **Valor ganado**. El valor ganado (EV) es la medida del trabajo realizado en términos de presupuesto autorizado para dicho trabajo. Es el presupuesto asociado con el trabajo autorizado que se ha completado.

El valor ganado medido debe corresponderse con la medición del desempeño y no puede ser mayor que el presupuesto aprobado del valor planificado para un componente.

El valor ganado se utiliza a menudo para calcular el porcentaje completado de un proyecto. Deben establecerse criterios de medición del avance para cada componente de la EDT (estructura de descomposición del trabajo), con objeto de medir el trabajo en curso.

Los directores de proyecto monitorean el valor ganado, tanto sus incrementos para determinar el estado actual, como el total acumulado, para establecer las tendencias de desempeño a largo plazo.

- **Coste real**. El coste real (AC) es el coste incurrido por el trabajo llevado a cabo en una actividad durante un período de tiempo específico. Es el coste total en el que se ha incurrido para llevar a cabo el trabajo medido por el valor ganado.

El coste real debe corresponderse, en cuanto a definición, con lo que haya sido presupuestado para el valor planificado y medido por el valor ganado (p.ej., sólo horas directas, sólo costes directos o todos los costes, incluidos los costes indirectos).

El coste real no tiene límite superior; se medirán todos los costes en los que se incurra para obtener el valor ganado.

A continuación se muestra la Curva S, Valor planificado y presupuesto hasta conclusión:

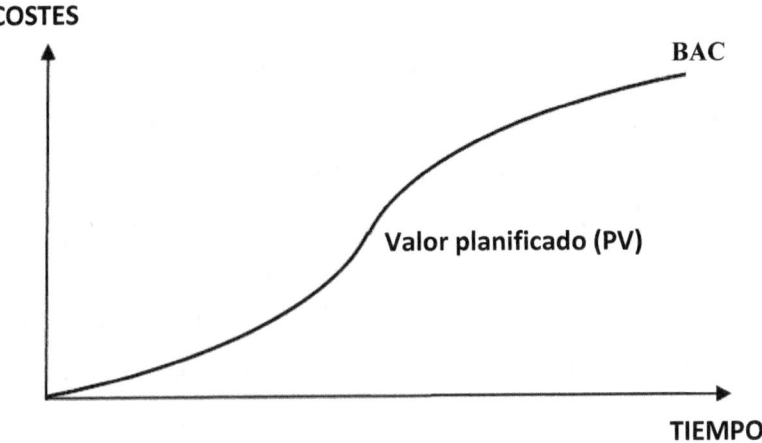

La siguiente gráfica muestra el valor planificado y el coste real, en un momento determinado del proyecto:

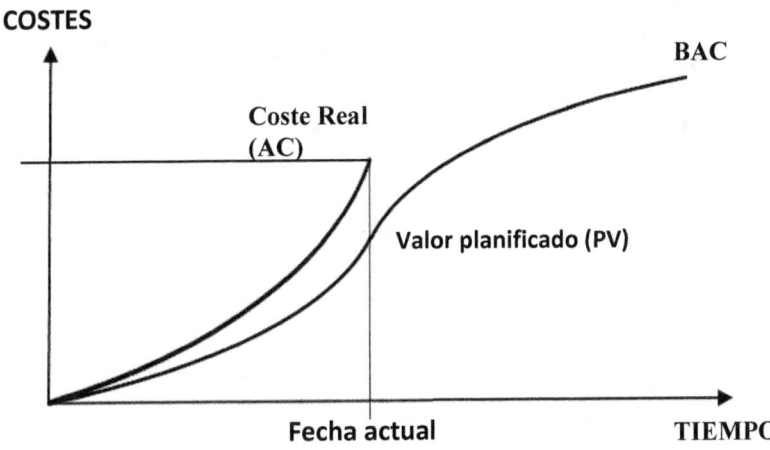

- **Variación del cronograma.** La variación del cronograma (SV) es una medida de desempeño del cronograma que se expresa como la diferencia entre el valor ganado y el valor planificado.

Determina en qué medida el proyecto está adelantado o retrasado en relación con la fecha de entrega, en un momento determinado. Es una medida del desempeño del cronograma en un proyecto.

Es igual al valor ganado (EV) menos el valor planificado (PV). En el método del valor ganado, la variación del cronograma es una métrica útil, ya que puede indicar un retraso del proyecto con respecto a la línea base del cronograma.

La variación del cronograma en última instancia será igual a cero cuando se complete el proyecto, porque ya se habrán devengado todos los valores planificados.

Es recomendable utilizar la variación del cronograma en conjunto con la metodología de programación de la ruta crítica y la gestión de riesgos.

Fórmula: SV = EV − PV

- **Variación del coste.** La variación del coste (CV) es el monto del déficit o superávit presupuestario en un momento dado, expresado como la diferencia entre el valor ganado y el coste real.

  Es una medida del desempeño del coste en un proyecto. Es igual al valor ganado menos el coste real. La variación del coste al final del proyecto será la diferencia entre el presupuesto hasta la conclusión y la cantidad realmente gastada.

  La variación del coste es particularmente crítica porque indica la relación entre el desempeño real y los costes incurridos. Una CV negativa es a menudo difícil de recuperar para el proyecto.

  Fórmula: CV= EV − AC

- **Índice de desempeño del cronograma.** El índice de desempeño del cronograma (SPI) es una medida de eficiencia del cronograma que se expresa como la razón entre el valor ganado y el valor planificado.

Refleja la medida de la eficiencia con que el equipo del proyecto está utilizando su tiempo.

En ocasiones se utiliza en combinación con el índice de desempeño del coste (CPI) para proyectar las estimaciones finales a la conclusión del proyecto.

Un valor de SPI inferior a 1,0 indica que la cantidad de trabajo llevada a cabo es menor que la prevista.

Un valor de SPI superior a 1,0 indica que la cantidad de trabajo efectuada es mayor a la prevista.

Puesto que el SPI mide todo el trabajo del proyecto, se debe analizar asimismo el desempeño en la ruta crítica, para así determinar si el proyecto terminará antes o después de la fecha de finalización programada.

El SPI es igual a la razón entre el valor ganado y el valor planificado.

Fórmula: SPI = EV/PV

- **Índice de desempeño del coste.** El índice de desempeño del coste (CPI) es una medida de eficiencia del coste de los recursos presupuestados, expresado como la razón entre el valor ganado y el coste real.

Se considera la métrica más crítica del método del valor ganado y mide la eficiencia del coste para el trabajo completado.

Un valor de CPI inferior a 1,0 indica un coste superior al planificado con respecto al trabajo completado.

Un valor de CPI superior a 1,0 indica un coste inferior con respecto al desempeño hasta la fecha.

El CPI es igual a la razón entre el valor ganado y el coste real.

Los índices son útiles para determinar el estado de un proyecto y proporcionar una base para la estimación del coste y del cronograma al final del proyecto.

Fórmula: CPI = EV/AC

Con el método del valor ganado, se puede monitorear e informar sobre los tres parámetros (valor planificado, valor ganado y coste real) por períodos (normalmente semanal o mensualmente) y de forma acumulativa.

Resumen abreviaturas:

Método del valor ganado (EVM). Earned Value Management.

Valor planificado (PV). Planned Value.

Valor ganado (EV). Earned Value.

Coste real (AC). Actual Cost.

Variación del cronograma (SV). Scheduled Variance.

Variación del coste (CV). Cost Variance.

Índice de desempeño del cronograma (SPI). Schedule Performance Index.

Índice de desempeño del coste (CPI). Cost Performance Index.

Medición del desempeño (PMB). performance measurement baseline.

Presupuesto hasta conclusión (BAC). Budget At completion.

Estimado hasta conclusión (EAC). Estimate at completion.

"Nada es permanente a excepción del cambio"

Heráclito.

"¿Por qué se ha de temer a los cambios? Toda la vida es un cambio. ¿Por qué hemos de temerle?"

George Herbert.

11. GESTIÓN DE CAMBIOS EN UN PROYECTO

Introducción

La gestión de cambios en el Alcance es una de las labores críticas del Director de Proyectos, y el área de conocimiento que más difícil es de definir y de controlar.

Esta dificultad es intrínseca a los proyectos, y se debe a que no podemos prescindir del lado humano de los proyectos.

Los objetivos de los proyectos los definen personas, a las que les asaltan dudas, indecisiones, y que dependen de procesos en sus organizaciones que dificultan la propia definición del alcance (distintos departamentos, mala comunicación dentro de la organización, etc).

Aunque pensemos en los proyectos como un proceso racionalmente establecido, la toma de decisiones de las personas y los criterios de elección que tenemos las personas, están muy influenciados por nuestra propia naturaleza.

Todo este proceso se complica cuando en el proyecto están involucrados, y siempre lo están, varios agentes interesados (stakeholders), que intentarán imponer su criterio sobre el objetivo del proyecto.

Además, las circunstancias en las que se van a ejecutar los proyectos van a cambiar con el tiempo.

Gestión de cambios en el alcance

Si consideramos el **alcance** como una componente de la triple restricción, luego está afectado por los cambios que hagamos en las otras dos, **tiempo** y **costes**, incluso, la **calidad** como parte central de las tres.

Cualquier cambio en las otras restricciones, va a afectar en el alcance, para bien o para mal. Hay muchas circunstancias en las que se van a producir cambios en el alcance. No vamos a evitar los cambios, pero sí vamos a controlarlos.

Realizar la Gestión de Cambios es el proceso que consiste en analizar todas las solicitudes de cambios, aprobar los mismos y gestionar los cambios a los entregables, los activos de los procesos de la organización, los documentos del proyecto y el plan para la dirección del proyecto, así como comunicar las decisiones correspondientes.

Revisa todas las solicitudes de cambio o modificaciones a documentos del proyecto, entregables, líneas base o plan para la dirección del proyecto y aprueba o rechaza los cambios.

El beneficio clave de este proceso es que permite que los cambios documentados dentro del proyecto sean considerados de un modo integrado y simultáneamente reduciendo el riesgo del proyecto, el cual a menudo surge de cambios realizados sin tener en cuenta los objetivos o planes generales del proyecto.

El control no significa evitar el cambio, convertirse en un obstáculo del cambio.

Los cambios en nuestro línea base del alcance se producirán, y no los podemos evitar, no es nuestro objetivo, luego ten en cuenta que los cambios suceden inevitablemente.

La gestión de cambios significa controlar, verificar, monitorizar, y cuando el alcance está fuera de control devolverlo a la línea base.

La Gestión de Cambios en el Alcance se puede agrupar en tres ideas fundamentales para controlar la Corrupción del Alcance:

PLANIFICACIÓN del Alcance del Proyecto.

PRIORIZAR los recursos y los requisitos imprescindibles del proyecto frente a los Cambios.

CONTROL Y SEGUIMIENTO del Alcance y sus cambios, lo que genera una continua Comunicación con interesados y equipo de proyecto.

Planificación del alcance

El alcance debe estar definido en la fase de planificación con la participación de los interesados.

El principal motivo por el que los proyectos fracasan es por una planificación somera, poco realista o directamente, falta de planificación.

La restricción que supone el alcance del proyecto está íntimamente relacionada con las otras dos componentes, tiempo y costes, por lo que una planificación poco realista de cualquiera de las anteriores afectará al alcance, obligando a incorporar posteriormente elementos al alcance que no teníamos previstos inicialmente.

Es importante verificar con las partes interesadas (stakeholders) los requisitos y el alcance del proyecto, de forma que comprobemos que estamos alineados con lo que los interesados entienden por el alcance del proyecto.

La Estructura de Desglose de Tareas, (EDT) es una herramienta de comunicación con todos los interesados, de modo que deberíamos usarla como tal y discutirla con aquellos agentes que puedan aportar información y comentar su criterio.

A la vista de nuestra planificación, los interesados pueden visualizar si hemos interpretado bien sus necesidades, o de lo contrario, comunicarnos cómo desearían que se modificara la planificación.

En cualquier caso, siempre es mejor modificar la planificación del proyecto antes de haber comenzado a ejecutarlo, que tener que discutir sobre este cambio durante el proceso de validación del alcance.

Procesos de gestión de cambios

Para controlar y monitorizar el proyecto se debe establecer un procedimiento en el que cada cambio pueda documentarse, analizarse, estudiar el posible impacto que tendría en el proyecto, aprobarse en su caso, comunicarlo y monitorizar su resultado.

Durante el proceso de planificación pactaremos con los interesados este procedimiento que nos permita a todos gestionar y estar informados sobre los cambios que se puedan introducir más adelante.

El procedimiento establecerá cómo se solicitan los cambios, cuándo se aprueban y por quién.

La mayoría de las veces los cambios de aprueban en función a criterios de prioridad, de interés o de negocio, y no tanto en función del impacto que puedan tener en la línea base del proyecto:

su **alcance**,

tiempo,

o **coste**.

Control y seguimiento de cambios

En la mayoría de los casos relacionados con el "Scope Creep" o corrupción del alcance, las solicitudes de cambios que se realizan durante la ejecución del proyecto no estaban documentados.

Si las peticiones de cambio no se registran, es imposible realizar un seguimiento de las mismas; y si se llegan a ejecutar estos cambios no documentados, seremos incapaces de realizar un control sobre el proyecto.

Documentar las peticiones de cambio sirve para hacer un seguimiento, evaluar su impacto y aprobarlo si es el caso.

Incluso en el caso de que las peticiones de cambio no se hayan aprobado, la documentación y el análisis que hayamos realizado sobre su impacto nos servirá para establecer criterios de aceptación en el futuro.

Acciones en el cambio

Los cambios pueden incluir:

- **Acción correctiva**: Una actividad intencionada que procura realinear el desempeño del trabajo del proyecto con el plan para la dirección del proyecto.

- **Acción preventiva**: Una actividad intencionada que asegura que el desempeño futuro del trabajo del proyecto esté alineado con el plan para la dirección del proyecto.

- **Reparación de defectos**: Una actividad intencionada para modificar un producto o componente de producto no conforme.

Monitoreo de los cambios

Es el proceso requerido para realizar el seguimiento, analizar y dirigir el progreso y el desempeño del proyecto, para identificar áreas en las que el plan requiera cambios y para iniciar los cambios correspondientes.

El desempeño del proyecto se mide y se analiza a intervalos regulares, a partir de eventos apropiados o a partir de condiciones de excepción a fin de identificar variaciones respecto del plan para la dirección del proyecto.

"Un líder es alguien que conoce el camino, anda el camino, y muestra el camino"

John C. Maxwell.

"Somos lo que hacemos repetidamente. La excelencia, entonces, no es un acto sino un hábito"

Aristóteles.

12. HABILIDADES DEL DIRECTOR DE PROYECTOS

Funciones del director de proyectos.

Se define como habilidad el dominio de un complejo sistema de acciones teóricas y prácticas que permiten hacer algo. En la dirección de proyectos esto se traduce en:

- Planificar

- Organizar

- Dirigir comportamientos

- Integrar al personal

- Controlar y supervisar

Planificación:

Es un proceso que tiene por objeto:

1. Seleccionar los objetivos.

2. Determinar las estrategias y políticas a seguir.

3. Elegir los cursos de acción que permitirán desarrollar las estrategias y políticas con el fin de lograr los objetivos marcados.

4. Limitaciones: Tiempo / Información.

5. Importancia de trabajar en distintos plazos.

Organización:

Es la asignación de medios físicos y humanos para la consecución de los objetivos marcados. Para ello, se debe fijar la estructura organizativa más adecuada para el logro de los objetivos. Por tanto:

1. Distribuye el trabajo de acuerdo con la naturaleza de las tareas.

2. Establece estructuras y procedimientos de trabajo.

3. Fija mecanismos de integración.

Dirección:

Se traduce en conseguir que los empleados vean los objetivos organizativos como propios. Tendría como claves:

1. Proceso de influir sobre las personas para que contribuyan con entusiasmo al logro de las metas de la organización

2. Consiste en ayudar a las personas a percibir que pueden satisfacer sus propias necesidades y desarrollar su potencial, al tiempo que contribuyen al logro de las metas de la empresa

3. Saber comunicar interna y externamente los resultados de la organización / empleados.

Integración Personal:

Implicaría las siguientes ideas:

1. Identificar las necesidades de empleados

2. Disponer de los empleados adecuados para el logro de los objetivos en tiempo y forma oportuna.

3. Mejorar las competencias del empleado para adecuarlas para que puedan desarrollar adecuadamente sus tareas en el presente y en el futuro.

4. Es un proceso para lograr los objetivos de la organización por medio de la adquisición, conservación, despido, desarrollo y uso adecuado de los recursos humanos en una organización.

Control:

Se trata de determinar si los planes establecidos se han cumplido o no, lo que implica que dentro del control se incluirán aquellas acciones tendentes a medir y corregir, en su caso, las actividades de las personas que actúan en una organización con el fin de asegurar que dichas actividades contribuyan al logro de los objetivos planificado.

Habilidades del director de proyectos.

La gestión de proyectos eficaz y de éxito se sustenta en torno a las siguientes habilidades:

1. Externas

    1. Toma de decisiones

    2. Gestión de recursos

    3. Orientación al cliente

    4. Red de relaciones efectivas

    5. Negociación

    6. Comunicación. Presentaciones

2. Internas / Relacionadas con el personal

    1. Liderazgo

    2. Comunicación

    3. Delegación

    4. Coaching

5. Dirección reuniones

6. Trabajo en equipo

7. Motivación

8. Gestión del conflicto

9. Gestión del cambio

10. Evaluación/ reconocimientos

3. De eficacia personal

1. Proactividad

- Iniciativa

- Creatividad

2. Desarrollo personal

- Diseño de su carrera

- Mejora continua

3. Gestión personal

- Gestión del tiempo

- Gestión del estrés

Distintos roles y habilidades.

Es importante conocer las distintas habilidades necesarias según las distintas funciones del personal del equipo:

Rol de director:

1. Toma de decisiones

2. Fijación de metas

3. Delegación eficaz

Rol de productor:

1. Productividad y eficiencia

2. Gestión del tiempo

3. Gestión del estrés

4. Evaluación del rendimiento

5. Motivación.

Rol de coordinador

1. Planificación

2. Organización y diseño

3. Control

Rol de monitor:

1. Recibir y organizar información

2. Análisis de la información

3. Presentación de informaciones

Rol de facilitador:

1. Creación de equipos

2. Toma de decisiones participativa.

3. Gestión del conflicto.

Rol de innovador:

1. Creatividad

2. Gestión del cambio

Rol de broker:

1. Crear y mantener poder

2. Negociar acuerdos y compromisos.

3. Saber presentar ideas.

Rol de mentor:

1. Autocomprensión y compresión de otros

2. Comunicación interpersonal.

3. Desarrollo de subordinados.

¿Qué hace que un director de proyectos sea eficiente?

Un director de proyectos que desarrolla todas las habilidades directivas es más eficiente que otro que no las tiene desarrolladas.

La formación y el desarrollo de los directivos es un intangible importante, y la efectividad depende de cómo se haga esta formación.

La selección de directivos se ha hecho tradicionalmente por la cualificación técnica y no por la posesión de otras habilidades directivas tan necesarias como ella.

Las tendencias actuales en desarrollo directivo señalan que la formación debe basarse en el desarrollo de **hábitos directivos.**

Un hábito es un modo de proceder o comportarse adquirido por la repetición de los mismos actos. Es una tendencia estable adquirida, no genética, aprendida por la repetición de actos similares que producen fortalecimiento en los actos.

Es una inclinación constante, con frecuencia inconsciente e irreflexiva adquirida a través de la repetición frecuente.

En nuestra vida estamos llenos de hábitos, algunos provechosos y otros no tanto. El problema de estos últimos es que no nos damos cuenta de que los estamos desarrollando.

Los hábitos negativos son destructivos para la persona y requieren un trato especial por el directivo. Los positivos demuestran los puntos fuertes y reafirman la personalidad.

Los hábitos de un director de proyectos.

Un director de proyectos eficiente debe poseer los siguientes hábitos:

Hábito de la información.

Información Interna y externa: rol directivo de monitor.

Múltiples datos y dificultades para gestionar información.

La información es una fuente de poder.

Es importante crear y cuidar una buena red de información buscando la mejor información.

Hábito para captar información, procesarla, darle sentido, utilizarla y distribuirla.

Hábito de la visión.

Definir:

1. Misión (¿quién soy?)

2. Visión (¿dónde quiero llegar?, ¿dónde voy?)

3. Valores (¿cómo soy?)

Establecer objetivos a medio y largo plazo acordes con la visión y que provoquen entusiasmo en el equipo.

Lograr que todos y cada uno de los empleados o colaboradores entiendan dicha visión de una misma forma.

El problema es que la visión no suele estar clara y casi nadie la conoce. Necesidad de establecer mecanismos para que se conozca (cultura empresarial).

Hábito de los resultados

Es el hábito de responsabilizarse del propio trabajo y de los resultados de nuestro equipo.

Implica aprender a establecer objetivos focalizados en lo importante y en las oportunidades y dejar de actuar por inercia o centrándose en lo urgente y en los problemas del día a día.

Una buena parte de los directivos trabaja mucho y son ineficaces porque se centran en el esfuerzo, en lugar de centrarse en los resultados.

Este hábito tiene mucho que ver con la autoorganización.

Hábito de la delegación.

Este es el hábito de desarrollo de los trabajadores por excelencia. Sin él no se pueden desarrollar la mayor parte de los hábitos.

Implica:

- Fijarles correctamente los objetivos.

- Darles los medios y la formación necesaria.

- Exigirles responsabilidad.

- Confiar en ellos.

Hábito de la comunicación.

Hábito para dominio del lenguaje hablado y corporal y que permite influir en los demás.

Se apoya en la escucha activa. Se debe regir por unos principios éticos estrictos. Se apoya en la sinceridad.

Es también básico porque da lugar a la confianza, la motivación, al trabajo en equipo, al buen clima laboral, etc.

Hábito del equipo

Hábito que hace funcionar los procesos internos que se producen entre los departamentos de la organización o dentro de un mismo departamento.

Potencia el compromiso, la integración y se basa en la sinergia. Implica la pérdida de protagonismo y desaparición del individualismo.

Hábito del aprendizaje.

Es un doble hábito dado que abarca:

1. La mejora de los propios conocimientos técnicos.

2. La mejora del propio carácter y mentalidad.

Implica un auto análisis de puntos fuertes y débiles y una reflexión profunda sobre los valores y esquemas mentales.

Hábito de la innovación.

Este hábito se posee cuando se está comprometido con una búsqueda de la mejora continua de la organización, los procesos, la cultura, etc.

Este hábito de cambio debe empezar por el directivo y abarcar a todo el colectivo.

"Un comienzo no desaparece nunca, ni siquiera con un final".

Harry Mulisch

"Todas las obras de arte deben empezar por el final".

Edgar Allan Poe

13. EL CIERRE DEL PROYECTO

Introducción.

El cierre de un proyecto es la última fase que componen la gestión integral del mismo, es la culminación de todo el proceso, y el momento de hacer balance del mismo. Durante el cierre se estudia si se han alcanzado los objetivos previstos.

El cierre inadecuado de un proyecto concluido hace perder muchas oportunidades que serían útiles para proyectos futuros y a su vez trae consigo riesgos, normalmente asociados con cierre incorrecto de contratos y manejo de aspectos legales sin el rigor requerido, y que pueden resultar en un fuerte impacto negativo para la organización que ejecuta el proyecto.

La fase final de todo proyecto es el cierre y parecería que es una etapa sencilla, pero desafortunadamente es la etapa más descuidada de todas, por lo que la mayoría de los proyectos se cierran mal.

Es importante distinguir también la diferencia entre el ciclo de vida del proyecto y el ciclo de vida del producto del proyecto.

Un proyecto tiene como objetivo realizar un producto. Los productos siguen un ritmo de ventas variable con el tiempo, y pasan por cuatro fases: introducción, crecimiento, madurez y declive. El concepto de ciclo de vida de un producto es una herramienta de marketing.

Entre los objetivos principales del cierre del proyecto se encuentran:

• Analizar desde la perspectiva económica; balance de los recursos gastados y los beneficios obtenidos.

• Diagnosticar el funcionamiento, tratando de analizar las desviaciones entre las previsiones iniciales y el resultado.

• Corregir (proyectos futuros) las actuaciones que dieron pie a tales desviaciones.

Entre los objetivos secundarios del cierre del proyecto se encuentran:

- Consolidar los resultados técnicos del proyecto en la clasificación de la empresa y "know how" (conocimientos adquiridos, procedimientos aprendidos, tecnología utilizada, documentación, productos, etc).

- Evaluación de proyectos futuros. Identificar las nuevas oportunidades comerciales nacidas a partir de la consecución del proyecto y darle continuidad con nuevos contratos.

En el cierre del proyecto, el director del proyecto revisará toda la información anterior procedente de los cierres de las fases previas para asegurarse de que todo el trabajo del proyecto está completo y que el proyecto ha alcanzado sus objetivos y alcance.

Fases de cierre del proyecto.

El cierre de proyectos es un conjunto de procesos que incluye dos procesos principalmente:

Cerrar el Proyecto:

Es el proceso que consiste en finalizar todas las actividades a través de todos los grupos de procesos de dirección de proyectos para completar formalmente el proyecto o una fase del mismo.

El director del proyecto revisará toda la información anterior procedente de los cierres de las fases previas para asegurarse de que todo el trabajo del proyecto está completo y de que el proyecto ha alcanzado sus objetivos.

El cierre de la fase o proyecto incluye entre otras las siguientes actividades:

1. Rematar técnicamente el proyecto asegurando la calidad final.

2. Comprobar que los trabajos están completos al 100%.

3. Redacción de los documentos "Us built" del Proyecto.

4. Transferencia del producto, servicio o resultado final.

5. Lecciones aprendidas.

Cerrar las Adquisiciones:

El proceso de cerrar las adquisiciones se realiza al finalizar cada contrato. Es importante que cada contrato se cierre porque si no, la relación laboral entre el comprador y el vendedor queda abierta y el proyecto no puede cerrarse. El proceso de cerrar las adquisiciones es complementario a cerrar el proyecto o fase pues implica verificar que la totalidad del trabajo y de los entregables sí son aceptables.

Durante el cierre de las adquisiciones que podemos considerar como un cierre externo, tenemos los siguientes objetivos principales:

Verificación de los entregables con el cliente.

Cierre de los acuerdos legales firmados.

Cierre de los contratos individuales.

Carta de finalización del contrato (libre deuda).

Aceptación formal o acta de recepción del producto.

Cancelación de garantías.

Evaluaciones de satisfacción del cliente.

Resumen Final.

Para que un proyecto pueda darse por concluido, deben cumplirse los siguientes pasos:

Aceptación por parte de cliente: se debe lograr la aceptación externa de las actividades propias del proyecto realizado.

Finalización del contrato: se procede a la facturación del proyecto y a su consecuente pago.

Conclusión de los contratos con proveedores: se finalizan los compromisos asumidos con el área de proveedores. Se deben efectuar las facturaciones correspondientes y los pagos

Eximición de las tareas de los integrantes del equipo de trabajo: se produce la oficialización de esta liberación del personal a partir del cierre del contrato del proyecto.

Cierre económico y financiero del proyecto.

Cierre de carácter administrativo: se debe realizar la imputación de los pagos y su ejecución pertinente. Asimismo, se procede al balance administrativo financiero del proyecto.

Control de gestión del proyecto realizado: en ocasiones, no suele efectuarse por falta de tiempo. No obstante, es un paso que beneficia radicalmente el desarrollo de gestiones de proyectos futuros, debido a las oportunidades de mejora que se detectan a partir de su análisis.

Actividades de cierre del proyecto.

Reunión final.

Una reunión que se celebrará con las partes interesadas, el equipo del proyecto, los clientes para concluir formalmente el proyecto.

Esta reunión incluirá un resumen del proyecto, la documentación final, las fortalezas y las debilidades detectadas en los procesos de gestión de proyectos, y los pasos restantes necesarios para finalizar el proyecto con éxito.

Las técnicas o procesos que funcionaron especialmente bien, o mal, se identifican como las enseñanzas fundamentales del proyecto.

Declarar el éxito o el fracaso.

La clave para definir el éxito o el fracaso del proyecto es la definición por adelantado de cuáles son los criterios de éxito.

Si se alcanza un acuerdo adecuado con el cliente de lo que significa el éxito, el equipo del proyecto puede evaluar en relación con esos criterios y objetivos.

Transición a la operación.

Si el proyecto va a continuar una vez concluido, debe efectuarse una transición adecuada a la organización que lo recibe con el apoyo suficiente.

La transición incluye la transferencia de conocimientos sobre el proyecto incluyendo la transferencia completa de toda la documentación y la transferencia de cualquier trabajo remanente.

Revisiones de desempeño.

Suele ser apropiado hacer evaluaciones de desempeño después de que el proyecto haya finalizado.

El director del proyecto evalúa a todo el equipo. Además durante los cierres de adquisición normalmente también se evalúa el rendimiento del proveedor con respecto a lo esperado.

Esta información va al registro de proveedores que maneja el departamento de compras para su actualización.

Transferencia de los documentos del proyecto.

Determinar qué documentos de gestión de proyectos deben ser entregados al equipo de operaciones. En base a esa determinación, algunos de los materiales del proyecto pueden ser borrados o destruidos, o archivados y efectuar una copia de seguridad, etc.

Reubicación del equipo.

Los miembros del equipo deben ser reasignados cuando todas las actividades de terminación se han completado.

Para algunas personas, esto puede significar nuevos proyectos. Para la gente contratada, puede significar el final de sus tareas. Para trabajadores a tiempo parcial, puede significar un retorno a su otra función a tiempo completo.

Algunos miembros del equipo pueden efectuar una transición a la organización de operaciones para seguir trabajando en este mismo proyecto durante la fase de explotación.

"Cada experiencia lleva en sí misma su lección".

Frank Herbert

"No hay errores en la vida, sólo lecciones".

Robin Sharma

"La experiencia es un maestro duro porque te da primero la prueba y la lección después".

Vernon Law Sanders

14. LAS LECCIONES APRENDIDAS DEL PROYECTO

Introducción.

Es el conocimiento adquirido a través de la experiencia de la realización del proyecto que podemos adquirir mediante el análisis y la reflexión del proceso.

Las lecciones aprendidas ofrecen información y conocimiento de apoyo para la toma de decisiones en situaciones complicadas del proyecto reduciendo la incertidumbre y acortando los plazos de respuesta ante situaciones ya conocidas por el equipo del proyecto. Las sesiones de lecciones aprendidas pueden realizarse al cierre de fases de los proyectos, de tal forma de aprovechar este aprendizaje en las fases siguientes, y en el cierre al final del proyecto, para aprovecharlas en futuras iniciativas de la organización.

Incluso, una sesión de lecciones aprendidas puede hacerse en cualquier momento durante la vida del proyecto, lo importante es que queden documentadas y sean distribuida, no sólo entre el equipo de proyecto que las identifica sino a toda la organización.

Documentar las lecciones aprendidas es uno de los aspectos más importantes de la Gestión de Proyectos para cualquier organización, pues así los errores y aciertos de los proyectos quedan registrados para ser usados en futuras iniciativas, y de esta manera la organización aprenda y mejore continuamente.

La realidad cotidiana en el mundo de los proyectos es que se carece de esta práctica o incluso de un mínimo conocimiento en el ámbito de ejecución en su mayoría, por lo que se está perdiendo mucha información por el camino.

Claves en las lecciones aprendidas del proyecto.

Las lecciones aprendidas no son una recopilación de los errores que hemos mejorado o hechos que hemos aprendido en el proyecto a nivel personal.

Una narración de circunstancias no son lecciones aprendidas porque una lección aprendida deberá ser una información de utilidad para quien se enfrente a un proyecto similar, de modo que pueda afrontarlo con cierta preparación. Por tanto, deberá contener información útil.

Las sesiones de lecciones aprendidas pueden realizarse al cierre de una o de varias de las fases de los proyectos, de tal forma que se pueda aprovechar este aprendizaje en las fases siguientes, y al final del proyecto, para aprovecharlas en futuras iniciativas de la organización.

Las lecciones aprendidas por cada uno de los miembros no deberán ser en si un autoaprendizaje, sino una puesta a disposición de conocimientos hacia los demás. La organización está formada por personas o miembros y el aprendizaje debe estar compartido al servicio de la organización.

Dejar claro que el intercambio de conocimientos debe ser una parte integral de las operaciones diarias del equipo.

Asegurarse de que todos los miembros del equipo y los interesados apropiados tengan acceso a las herramientas establecidas y capacitación para que todos puedan colaborar a lo largo del proyecto.

El director del proyecto debe promover continuamente la realización de las lecciones aprendidas durante todo el proyecto.

Demostrar el código de conducta deseado para realizar y compartir la información de una manera profesional a través de las herramientas establecidas. Tales acciones del gerente del proyecto demuestran y fomentan un ambiente abierto para documentar las lecciones aprendidas que pueden conducir a cambios en el proceso o comunicaciones mejoradas del equipo, las cuales tienen un valor demostrable.

Se puede reunir al equipo para conversar sobre que salió mal y que salió bien, pero lo más importante es que de la sesión se puedan extraer directrices sobre lo que se va a hacer de ahora en adelante para que los errores no se vuelvan a cometer y para que los aciertos puedan repetirse en futuros proyectos.

Las lecciones aprendidas se identifican haciéndonos preguntas sobre ¿Qué salió bien en nuestros proyectos?, ¿Que salió mal? y ¿Qué acciones debemos tomar para evitar estos errores y repetir estos aciertos en el futuro?

Como conclusión las **claves del éxito** se encuentran en:

- Fomentar la participación de los involucrados en el proyecto para que éstos aporten su visión de las lecciones aprendidas y sus ideas.

- Tratar de incluir este asunto en la rutina de proyecto, por ejemplo como tema a tratar en alguna reunión con la periodicidad que se considere oportuna.

- A la vez que se desarrolla el documento continente de las lecciones aprendidas, se debe incorporar dicha información en la gestión de proyecto, para beneficiarse de ella desde el principio.

- Una vez que toda la información se ha recogido, revisado y corregido debe ser publicada, para que todos los involucrados en el proyecto conozcan su contenido y puedan aprender de él y mejorar.

- Por último, hay que asegurarse de que se conserva esta información, para que la organización y los equipos de proyecto puedan disponer de ella cuando sea necesario.

www.ingramcontent.com/pod-product-compliance
Lightning Source LLC
Chambersburg PA
CBHW071158240526
45470CB00017B/336